37

38

39

40

41

42

43

44

45

46

47

48

49

50

51

52

53

54

55

56

57

58

59

60

61

62

63

64

65

66

67

68

Alphabetische Reihenfolge der Bände auf der letzten Seite

memo
Wissen entdecken

Urzeit

Versteinerte Seelilie *Leddesdalenais,* Karbon, Schottland

Versteinerter Trilobit *Phacops*, Devon, USA

Versteinertes Skelett von *Deltavjatia*, Perm, Russland

Schädel von *Sivapithecus*, vor 10,5–8 Mio. Jahren, Pakistan

Versteinerter Schwamm *Raphidonema,* Mittlere Kreide, England

Rekonstruktion von *Asteroxylon*, Karbon, Schottland

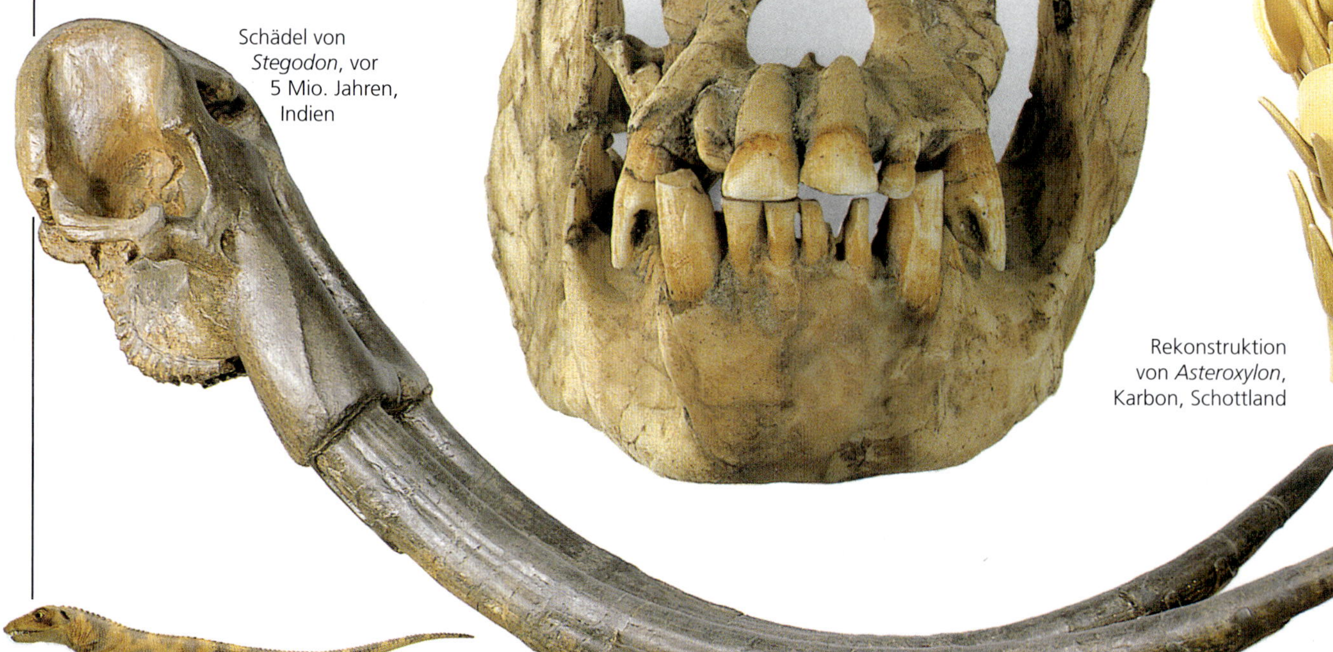

Schädel von *Stegodon*, vor 5 Mio. Jahren, Indien

Rekonstruktion von *Ornithosuchus*, Obere Trias, Schottland

Araukarienzapfen, Jura, Argentinien

memo
Wissen entdecken

Rekonstruktion von *Homo habilis*, Pliozän, Ostafrika

Urzeit

Text von

William Lindsay

Fotos von

Harry Taylor

Fossiles Skelett von *Cryptocleidus eurymerus*, Mittlerer Jura, England

Rekonstruktion von *Megatherium*, Eiszeit, Patagonien

Rekonstruktion von *Ichthyostega*, Oberdevon, Grönland

DK
DORLING KINDERSLEY

Rekonstruktion von *Arthropleura*, Karbon, Schottland

DORLING KINDERSLEY
London, New York, Melbourne, München und Delhi

DK London
Programmleitung Andrew Macintyre
Cheflektorat Simon Adams
Lektorat Rob Houston
Projektbetreuung Marion Dent,
Recherche Céline Carez
Fachliche Beratung Dr. Robin Cocks,
Natural History Museum (London)
Bildredaktion Vicky Wharton, Julia Harris, Philip Letsu
Bildrecherche Deborah Pownall
Herstellung Catherine Semark, Tony Phipps
Umschlaggestaltung Carol Davis

DK Delhi
Cheflektorat Eman Chowdhary
Projektbetreuung Nidhi Sharma
Redaktion Shatarupa Chaudhuri
Bildredaktion Rajnish Kashyap, Romi Chakraborty
Gestaltung Aanchal Awasthi
DTP-Design Tarun Sharma
Bildrecherche Sumedha Chopra

Besonderen Dank an das National Museum of Scotland (Edinburgh), Hunterian Museum (Universität Glasgow), Natural History Museum (London), Sedgwick and Zoology Museum (Universität Cambridge)

Für die deutsche Ausgabe:
Programmleitung Monika Schlitzer
Projektbetreuung Janna Heimberg
Herstellungsleitung Dorothee Whittaker
Herstellung Anna Ponton

Bibliografische Information der Deutschen Bibliothek
Die Deutsche Bibliothek verzeichnet diese Publikation in der Deutschen Nationalbibliografie; detaillierte bibliografische Daten sind im Internet über http://dnb.ddb.de abrufbar.

Titel der englischen Originalausgabe:
Eyewitness Prehistoric Life

Übersetzung Margot Wilhelmi,
Gerd Hintermaier-Erhard (S. 64–71, Poster)
Satz Roman Bold & Black

ISBN 978-3-8310-2167-3

Colour reproduction by Colourscan, Singapore
Printed and bound in China by Toppan

Besuchen Sie uns im Internet
www.dorlingkindersley.de

Versteinerung von *Archaeopteris*, Oberdevon, Irland

Aufsicht auf den Schädel von *Simolestes*, Mittlerer Jura, England

Versteinertes Skelett von *Naso rectifrons*, Oberes Eozän, Italien

Rekonstruktion von *Cothurnocystis*, Oberes Ordovizium, Schottland

Ediacara-Fossil, *Präkambrium*, Australien

Versteinertes Skelett von *Procolophon*, Untere Trias, Südafrika

Inhalt

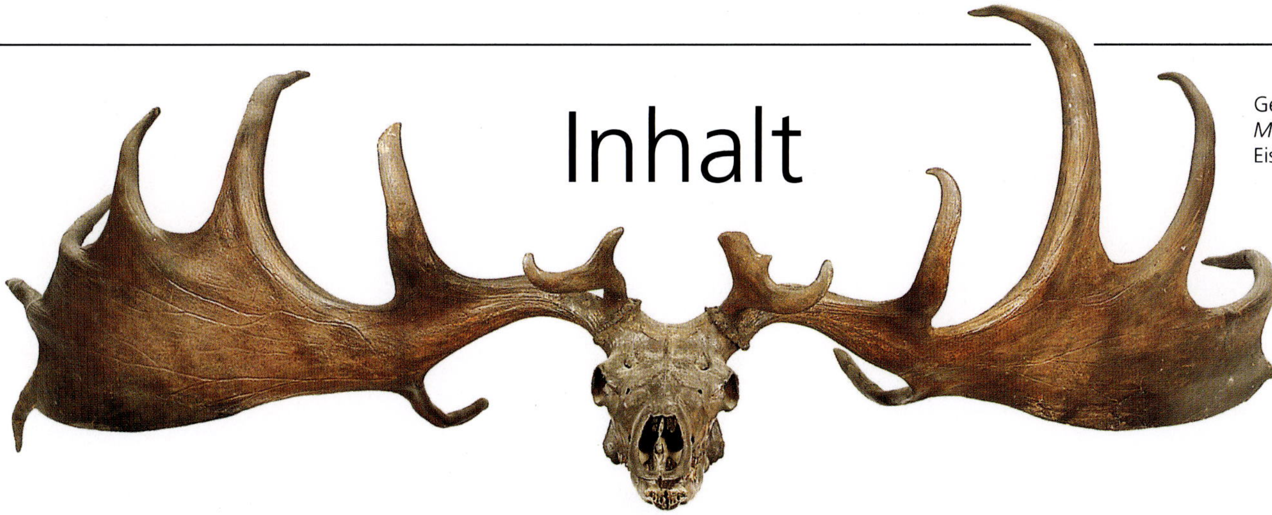

Geweih von *Megaloceros*, Eiszeit, Irland

Entwicklungsgeschichte

Wie begann das Leben? Niemand weiß es ganz genau. Die Erde als Planet formte sich vor über 4,5 Milliarden Jahren, als sich rotierende Massen an Gasen, Staub und Gestein unter Hitze und hohem Druck zusammenballten. 1 Milliarde Jahre später, so glauben Forscher, hatte sich allmählich eine Atmosphäre aufgebaut und gab den Startschuss für die ersten Lebewesen. Fossilien, (versteinerte Reste von Pflanzen und Tieren), zeigen uns, dass sich zu verschiedenen erdgeschichtlichen Zeiten unterschiedliche Lebensformen entwickelten. Auf den nächsten vier Seiten zeigt eine Zeitleiste die erdgeschichtlichen Ären, die viele Millionen Jahre dauerten. Jede Ära ist unterteilt in eine Reihe von Perioden und diese in eine Vielzahl von Epochen.

Mawsonites, Präkambrium, Australien

ALTE MEDUSE
Mawsonites aus der australischen Ediacara-Fauna (S. 12–13) ist 700 Mio. Jahre alt und ähnelt einer Qualle. Einer der ersten Vielzeller?

SPUREN IM STEIN
3,4 Mrd. Jahre alte Stromatolithen (S. 12–13) sind die ältesten Fossilien und die ersten Spuren des Lebens. Es handelt sich um Kalkabscheidungen von Blaualgen, wie sie auch heute noch entstehen.

Collenia (Stromatolith), Präkambrium, USA

FEUERBALL
Die junge Erde war glühend heiß und übersät mit Vulkanen (S. 10–11). Allmählich erkaltete das flüssige Gestein zu Fels.

PRÄKAMBRIUM
Vor 542 Mio. Jahren

Metaldetes, Kambrium

WIE EIN KEGEL
Metaldetes lebte neben Stromatolithen in Australien und hatte ein doppelwandiges Kalkskelett. Wie die Weichteile des Tiers aussahen, weiß man nicht, weil sie nicht versteinerten (S. 16–17).

SONDERBAR
Die Burgess-Schiefer aus Kanada enthalten die Versteinerungen ganzer Lebensgemeinschaften (S. 14–15). *Thaumaptilon* ist ein Tier aus dem Kambrium.

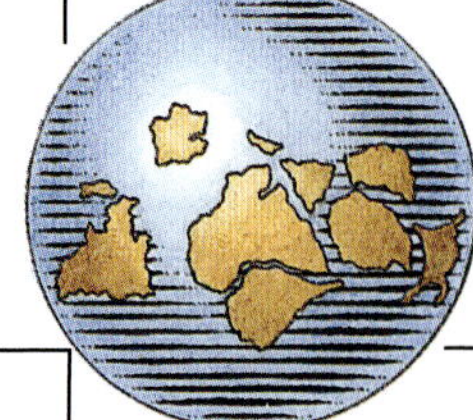

KAMBRIUM
Vor 542–488 Mio. Jahren

Cothurnocystis, Ordovizium

AM MEERESBODEN
Viele Tiere hatten ein Außenskelett oder eine schützende Kalkschale aus Kalzitkristallen. Diese harten Schalen sind oft fossil erhalten. Der Meeresbodenbewohner *Cothurnocystis* (S. 16–17) aus Großbritannien ist mit Seesternen verwandt.

Estonioceras, Unteres Ordovizium, Estland

SPIRALE
Weichtiere (S. 16–17), noch heute verbreitete Meerestiere, entfalteten sich im Kambrium. *Estonioceras* ist ein Nautilus-Verwandter.

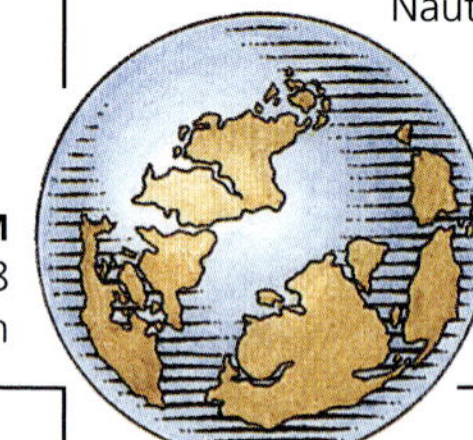

ORDOVIZIUM
Vor 488–444 Mio. Jahren

AUS DER TIEFE DER ZEIT
Das Präkambrium wird in das Archaikum und das Proterozoikum unterteilt. Gesteine aus dem Archaikum findet man heute nur noch in wenigen Teilen der Erde, die ältesten sind etwa 3,75 Mrd. Jahre alt. Die ersten fossilen Lebensspuren sind 1 Mrd. Jahre jünger als der Planet selbst: einzellige, bakterienähnliche Fossilien und Stromatolithen. 1 Mrd. Jahre später bildete sich allmählich die sauerstoffhaltige Atmosphäre der Erde, und mit ihr entstanden die Urformen der heutigen Lebewesen. Als die ersten vielzelligen Lebewesen in den präkambrischen Flachmeeren lebten, bildeten alle Kontinente noch eine einzige große Landmasse.

HARTE SCHALE
Die Körper vieler kambrischer Tiere wurden von einer harten Schale geschützt. Trilobiten und Armfüßer waren häufig. Die Antarktis, Afrika, Indien, Teile Asiens, Australien und Südamerika bildeten einen Kontinent: Gondwana. Europa, Nordamerika und Grönland waren getrennte, kleinere Landmassen.

KIEFERLOSE FISCHE
Kieferlose Fische, hartschalige Wirbellose, sinkende Meeresspiegel und Eiszeiten kennzeichnen das Ordovizium. Gondwana und die anderen Kontinente vereinigten sich zu einer Landmasse. Eis bedeckte Teile Afrikas und Südamerikas. Korallen und Algen bildeten Riffe, in denen Trilobiten und Armfüßer lebten.

PRÄKAMBRIUM | **PALÄOZOIKUM (ERDALTERTUM)**

Der Trilobit *Calymene blumenbachii* (Silur, Großbritannien) hat sich zum Schutz vor Feinden zusammengerollt.

Cyathocrinites, Silur, Großbritannien

SEELILIEN
Die pflanzenähnlichen Seelilien (S. 16–17) waren stellenweise so häufig, dass mancherorts ganze Kalksteinschichten nur aus ihren fossilen Überresten bestehen.

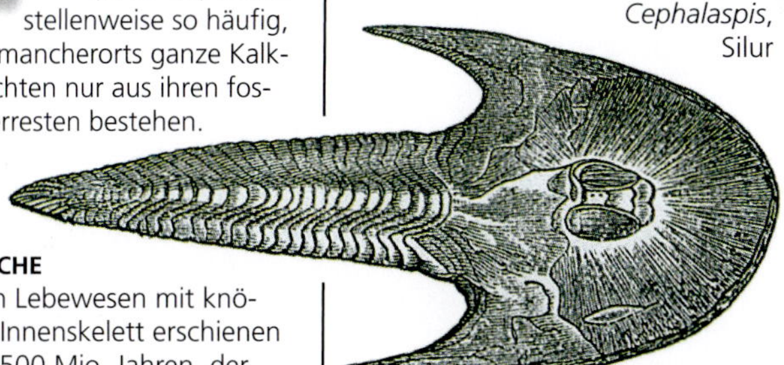

Zeichnung von *Cephalaspis*, Silur

ERSTE FISCHE
Die ersten Lebewesen mit knöchernem Innenskelett erschienen vor etwa 500 Mio. Jahren, der kieferlose Fisch *Cephalaspis* gegen Ende des Silurs.

SILUR
Vor 444–416 Mio. Jahren

EINGEROLLTE *CALYMENE*
Hartschalige Trilobiten (S. 16–17) waren Gliederfüßer mit einem gegliederten Außenskelett, die auf dem Meeresboden herumkrabbelten. Manche, wie *Calymene*, rollten sich bei Gefahr einfach ein.

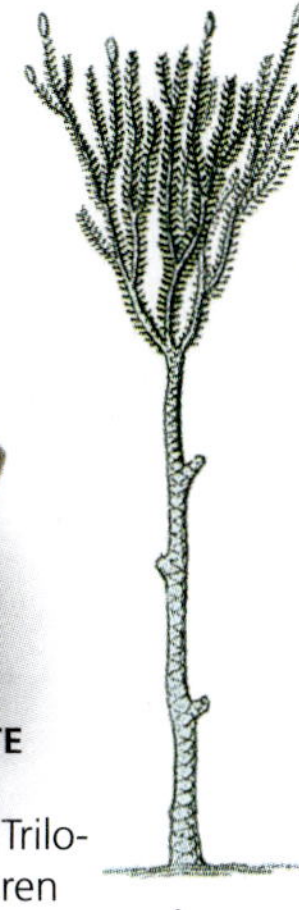

SCHUPPENBAUM
Seit dem Oberdevon beherrschen Pflanzen das Festland. Im Karbon bildeten Schuppenbäume *(Lepidodendron*, (S. 26–27) riesige Sumpfwälder.

Nachbildung von *Westlothiana*, Karbon, Schottland

DEVON
Vor 416–359 Mio. Jahren

ANFÄNGE
Westlothiana war eines der ersten Reptilien. Anders als Amphibien sind Reptilien mir ihrer vor Austrocknung schützenden Haut nicht auf feuchte Lebensräume und für die Entwicklung ihrer Eier nicht auf Gewässer angewiesen. Die von Pflanzen und Amphibien eingeleitete Eroberung des Festlands schritt voran.

KARBON
Vor 359–299 Mio. Jahren

Derbyia, Perm, Indien

ARMFÜSSER
Armfüßer (S. 16–17) waren weit verbreitet, heute haben Muscheln ihre Stelle eingenommen. *Derbyia* war nicht mit einem Stiel am Boden festgewachsen.

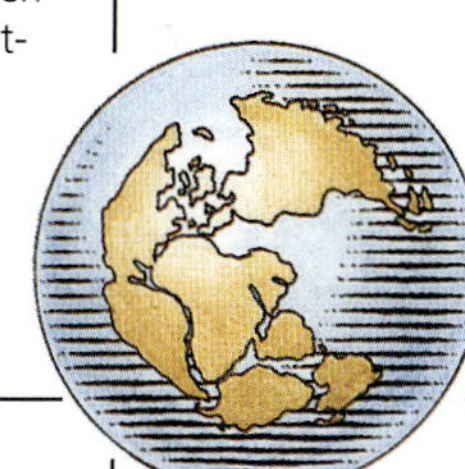

PERM
Vor 299–251 Mio. Jahren

AN LAND
Bis zum Silur fand das Leben nur in den Ozeanen statt. Kein Lebewesen konnte außerhalb des Wassers überleben. Im Silur erschienen die ersten Landpflanzen. In den Meeren jagten bis zu 3 m lange Seeskorpione. In Schottland, Skandinavien und an den nordamerikanischen Küsten entstanden hohe Gebirge.

AUF DEM TROCKENEN
Die Eroberung des Festlands setzte sich im Devon fort, die ersten Amphibien krochen an Land. In den Meeren jagten Haie und Knochenfische. Der Riesenkontinent Gondwana, Europa, Nordamerika und Grönland bewegten sich aufeinander zu.

ERSTE ECHSEN
Im Karbon bildeten alle Kontinente eine einzige Landmasse. Dadurch änderten sich die Lebensbedingungen. Auf der Nordhalbkugel wuchsen in tropischem Klima riesige Sumpfwälder, die bis heute als Kohle erhalten sind. Reptilien konnten sich als erste Wirbeltiere an Land entwickeln.

MASSENAUSSTERBEN
Alle Kontinente bildeten eine einzige Landmasse: Pangäa. Südamerika, die Antarktis, Australien und Afrika waren von Eismassen bedeckt, die Wasser banden und den Meeresspiegel sinken ließen. Im Norden breiteten sich Wüsten aus. Das Perm endete mit dem größten Massenaussterben aller Zeiten.

Fortsetzung auf Seite 8

Fortsetzung von Seite 7

Das Leben geht weiter

Nach dem Massenaussterben am Ende des Perms eröffnete das Mesozoikum vor 245 Mio. Jahren dem Leben neue Chancen. Die meisten Familien großer vierbeiniger Landtiere waren verschwunden. In den Meeren waren die Trilobiten ausgestorben, und die Armfüßer erreichten nie wieder ihre einstige Formenfülle. In weniger als 40 Mio. Jahren entstanden zwei neue Tierklassen: Die Säugetiere leben noch heute, die Dinosaurier starben nach 160 Mio. Jahren am Ende der Kreidezeit wieder aus. Sackgassen und Verzweigungen kennzeichnen den Stammbaum der Lebewesen auf der Erde.

Rekonstruktion von *Megazostrodon*, Obere Trias, Südafrika

KLEINER SÄUGER
Megazostrodon entwickelte sich gegen Ende der Trias aus den Therapsiden. Im Gegensatz zu den wechselwarmen Kriechtieren können Säuger (S. 44–51) ihre Körpertemperatur aktiv regulieren. Sie haben ein isolierendes Fell, gebären lebende Junge und ernähren sie mit Muttermilch.

URVOGEL
Aus einer Gruppe kleiner, räuberischer Saurier entstanden die Vögel. Vor 150 Mio. Jahren jagte der Urvogel *Archaeopteryx* (S. 42–43) nach Insekten.

Rekonstruktionszeichnung von *Archaeopteryx*, Jura, Deutschland

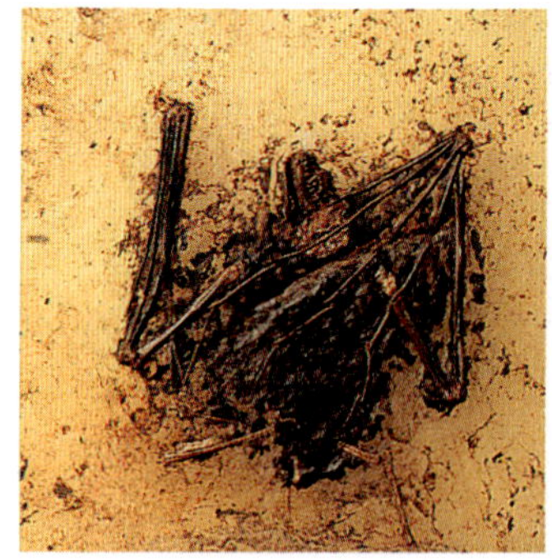

FLUGSÄUGER
Palaeochiropteryx ist eine Fledermaus aus der Grube Messel bei Darmstadt.

Rekonstruktion von *Tyrannosaurus rex*, Oberkreide, Nordamerika und China

RIESEN
Dinosaurier (S. 32–37) ließen für lange Zeit die Erde erbeben: von der Trias bis zum Ende der Kreidezeit, als sie ausstarben (S. 60–61).

ALLESFRESSER
Leptictidium ist ein 20 cm langer Allesfresser aus dem Eozän. Im Magenbereich wurden fossile Pflanzenreste, Insekten und Eidechsen gefunden. Der lange Schwanz balancierte bei der Jagd das Körpergewicht aus.

Rekonstruktion von *Leptictidium*, Eozän, Deutschland

Stenopterygius, Jura, Deutschland

MEERESECHSEN
Einige Reptilien lebten im Meer (S. 38–39). Fischsaurier legten keine Eier, sie „brüteten" sie im Körper aus und gebaren lebende Junge.

HUFTIERE
Ein Großteil der Säugerarten waren pflanzenfressende Huftiere. *Hyracotherium*, das Urpferd, war so groß wie ein Hund und lief auf vier Zehen (S. 48–49).

Hyracotherium, das älteste Urpferdchen, Oberes Paläozän bis Unteres Eozän, Nordamerika und Europa

TRIAS
Vor 251–201,6 Mio. Jahren

JURA
Vor 201,6–145,5 Mio. Jahren

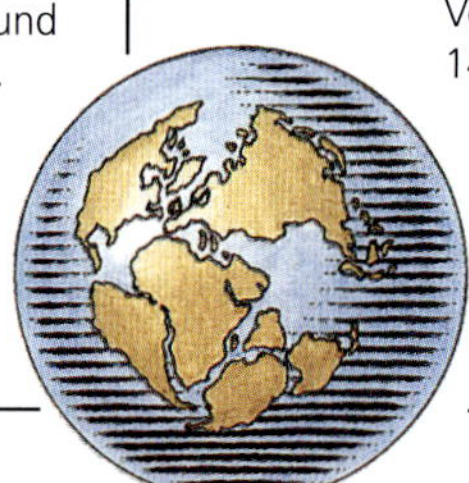

KREIDE
Vor 145,5–65,5 Mio. Jahren

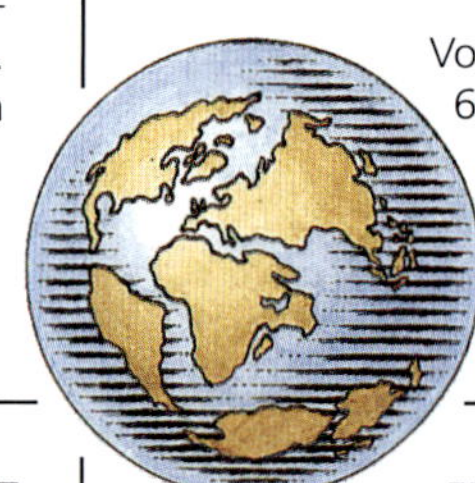

PALÄOGEN
Vor 65,5–23 Mio. Jahren

ECHSENZEIT
Pangäa driftete nach Norden. Wüsten entstanden, die Eismassen schmolzen. Der Riesenkontinent bekam die ersten Risse. Viele Reptilienarten entstanden, darunter Dinosaurier, Flugsaurier und Meeresechsen.

DINO-WELT
Dinosaurier beherrschten das Festland, Fischsaurier das Meer und Flugsaurier die Luft. Pangäa brach auseinander: Nordamerika trennte sich von Afrika ab, Südamerika von Antarktis und Australien.

ENDE DER DINOSAURIER
Gemäßigte Klimazonen entstanden. Indien driftete von Afrika nach Asien. Die Dinosaurier und viele andere Tiere starben am Ende der Kreidezeit aus – vielleicht aufgrund eines Meteoriteneinschlags.

PALÄOZÄN
Vor 65,5–55,8 Mio. Jahren
Die Säugetiere übernahmen die Herrschaft. Die Kontinente hatten sich getrennt. Afrika trieb nach Norden, auf Kollisionskurs mit Europa, während Nordamerika westwärts driftete.

EOZÄN
Vor 55,8–33,9 Mio. Jahren
Schwimmende und fliegende Tiere erhöhten die Artenvielfalt der Säuger. Indien berührte Asien. Der Atlantik trennte Europa und Nordamerika. Südamerika war isoliert.

MESOZOIKUM (ERDMITTELALTER)

KÄNOZOIKUM (ERDNEUZEIT)

Rekonstruktion von *Smilodon*, Eiszeit, Nordamerika

SÄBELZAHNKATZEN
Smilodon (S. 50–51), einer der fürchterlichsten Räuber unter den Säugern, trat zuerst im Oligozän auf und starb in der Eiszeit wieder aus. Mit 15 cm langen Eckzähnen schlitzte *Smilodon* seine Beute auf.

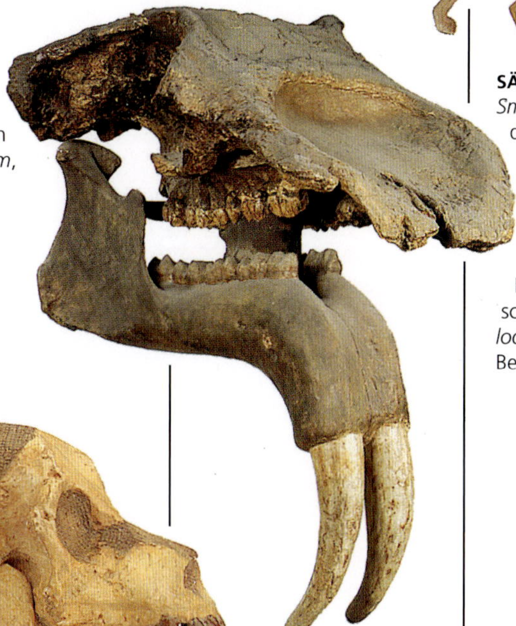

Schädel von *Dinotherium*, Miozän bis Pleistozän (Eiszeit), Eurasien und Afrika

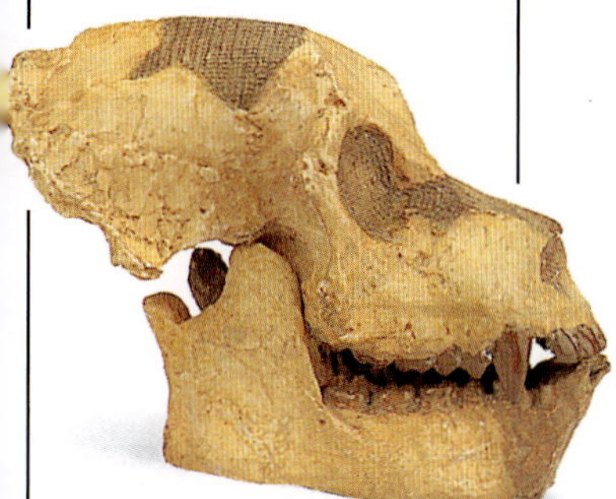

ALTER AFFE
Der 32 Mio. Jahre alte *Aegyptopithecus* aus dem Oligozän Ägyptens könnte der Vorfahr der Altwelt- und der Menschenaffen sein (S. 54–55).

RÜSSELTIERE
Die ersten Rüsseltiere lebten im Eozän und waren schweineartige Geschöpfe. Die Mammuts (S. 58–59), Mastodonten und Elefanten (S. 48–49) waren viel größer. *Dinotherium* hatte nach unten gebogene Stoßzähne im Unterkiefer und große Mahlzähne.

Rekonstruktion des *Homo habilis*, Pliozän, Afrika

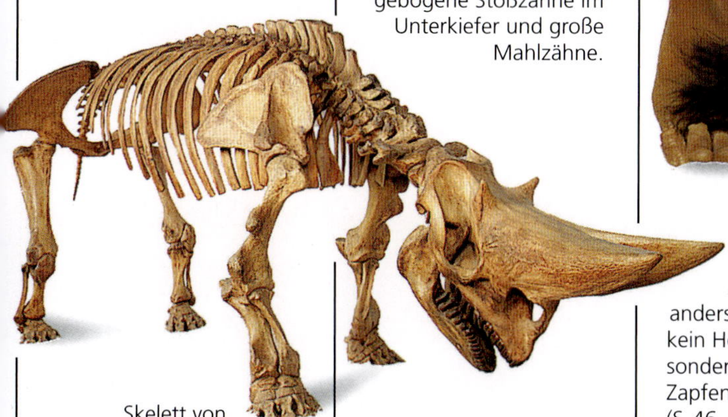

Skelett von *Arsinoitherium*, Oligozän, Ägypten

NASENHORN
Das 35 Mio. Jahre alte *Arsinoitherium* hatte anders als die Nashörner kein Horn aus Keratin, sondern zwei knöcherne Zapfen auf der Nase (S. 46–47). Ein untersetzter Körper trug den großen Kopf.

DIE ERSTEN MENSCHEN
Mit *Homo habilis* begann die Geschichte der Gattung Mensch (*Homo*). Verglichen mit den ältesten Fossilien ist der Mensch eine der jüngsten „Erfindungen" der Evolution.

NEOGEN
Vor 23–2,6 Mio. Jahren

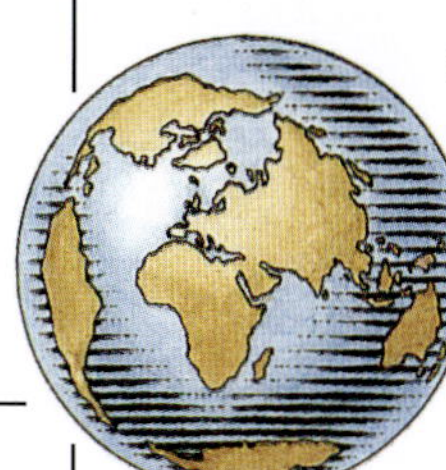

QUARTÄR
Vor 2,6 Mio. Jahren bis heute

OLIGOZÄN
Vor 33,9–23 Mio. Jahren
Der Himalaja faltete sich auf. Die gletscherbedeckte Antarktis beeinflusste das Weltklima. Australien driftete mit einer eigenen Tierwelt nach Osten. Die ersten Primaten entstanden.

MIOZÄN
Vor 23–5,3 Mio. Jahren
Pferde entwickelten sich zu Steppenbewohnern. Beuteltiere beherrschten Südamerika und Australien. Arktis und Antarktis waren von Gletschern bedeckt. In Nordamerika erhoben sich Gebirge.

PLIOZÄN
Vor 5,3–2,6 Mio. Jahren
Eine schmale Landbrücke verband Nord- und Südamerika. In Afrika erschienen die ersten Menschen. Die Temperaturen fielen, die bedeutendste Eiszeit der Erde setzte ein.

PLEISTOZÄN
Vor 2,6 Mio.–10 000 Jahren
Die Kontinente hatten ihre heutige Lage fast erreicht. Große Wassermassen waren im Eis gebunden. Niedrige Meeresspiegel ermöglichten Wanderungen zwischen den Kontinenten.

HOLOZÄN
Vor 10 000 Jahren bis heute
Menschen beherrschen die Erde. Heute versuchen wir anhand von Fossilien und lebenden Organismen, die Geschichte des Lebens auf unserer Erde nachzuzeichnen.

Die Erde im Wandel

Fast 1 Milliarde Jahre war die Erde ein unbelebter Planet. Nirgends kroch, rannte, flog oder schwamm ein Tier umher. Diese junge Erde unterschied sich deutlich von der heutigen Welt. Ihr Aussehen unterlag einem ständigen Wandel: Gebirge entstanden, Ozeane breiteten sich aus, Erdbeben und Vulkane erschütterten die Erdoberfläche, die Kontinente veränderten ihre Lage – bis schließlich die Bedingungen für die Entstehung des Lebens gegeben waren. Spuren dieses frühen Lebens sind bis heute als Fossilien im Gestein erhalten.

FLÜSSIGES GESTEIN
Vulkane treten an dünnen Stellen der Erdkruste auf. Flüssige Lava tritt aus Spalten aus, kühlt ab und erstarrt zu Vulkangestein. Gase und Asche werden emporgeschleudert. Die junge Erde war ein heißer Planet, ganz aus flüssigem Gestein.

Sandstein besteht aus kleinen Quarzkristallen.

Metamorpher Marmor war einst abgelagertes Kalkgestein.

Granit erstarrte tief in der Erde.

Basalt ist ein Vulkangestein.

GESTEINE
Magmatische Gesteine entstehen aus Lava oder Magma. Wind und Wasser mahlen Felsen zu Körnchen, die sich in Flüssen, Seen und Meeren ablagern und zu Sedimentgestein werden. Hohe Temperaturen und Drucke wandeln magmatische und Sedimentgesteine in metamorphe Gesteine um.

FEUCHTES GRAB
Flüsse lagern Sand und Schlamm in Überschwemmungsgebieten und vor den Mündungen ab. Im Meer sinken die Sedimente zu Boden. Tiere und Pflanzen, die schnell bedeckt werden, können erhalten bleiben und versteinern.

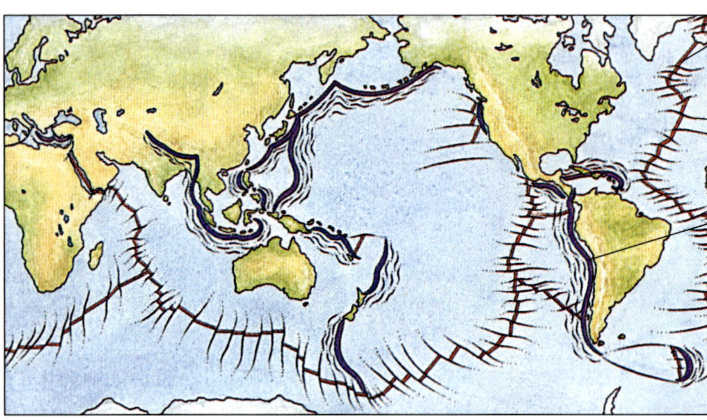

SCHWIMMENDE SCHOLLEN
Die Erdkruste besteht aus einzelnen Platten. Wenn sie sich verschieben, entstehen Gebirge und Vulkane, und Erdbeben treten auf. Eine Ursache der Plattenverschiebung ist die ständige Neubildung von Meeresboden an den ozeanischen Rücken. Gebirge entstehen, wenn eine ozeanische Platte unter eine Kontinentalplatte abtaucht oder wenn zwei Kontinentalplatten zusammenstoßen. Der Himalaja könnte so entstanden sein.

Steinkern eines Trilobiten

STEINERNE ZEUGEN
Fossilien bezeugen die Existenz ausgestorbener Pflanzen und Tiere. Innere Struktur und äußere Gestalt eines Lebewesens sind oft erstaunlich genau zu erkennen. Blüten, Federn und sogar Fußabdrücke sind erhalten. Es dauert Jahrmillionen, bis aus einem Lebewesen ein Fossil entsteht. In dieser Zeit werden die organischen Stoffe durch Mineralien ersetzt, das Tier „versteinert". Wird der vom Tier hinterlassene Hohlraum erst später von Gestein (meist von Sedimenten) ausgefüllt, entsteht ein Steinkern mit einem Abdruck.

Wie Fossilien entstehen

Der Kadaver (1) von *Procolophon* wurde im Flachwasser mit Schlamm bedeckt (2). Das geschah so schnell, dass das Skelett nicht zerstört wurde. Über Jahrmillionen blieb das Skelett in der Tiefe verborgen (3). Unter Druck wurde der Sand zu Stein, in dem chemische Prozesse aus den Knochen von *Procolophon* ein Fossil entstehen ließen. Erosion brachte das Fossil schließlich wieder ans Tageslicht (4).

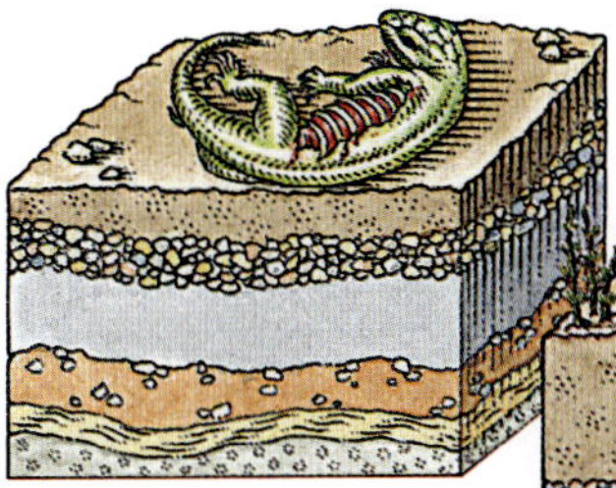

(1) Der verwesende Kadaver liegt an der Erdoberfläche.

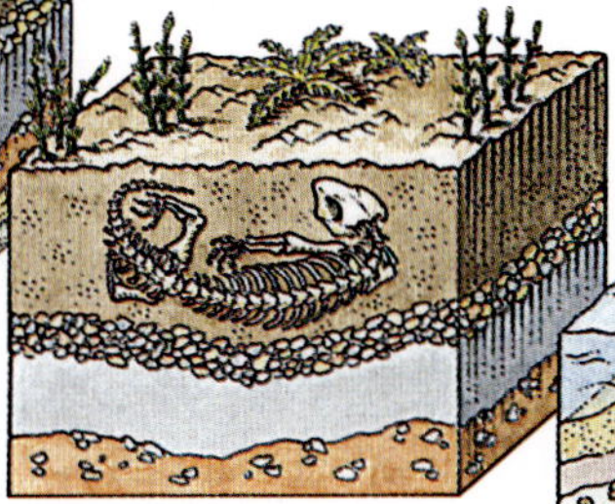

(2) Im Flachwasser wird das Tier schnell mit Schlamm bedeckt.

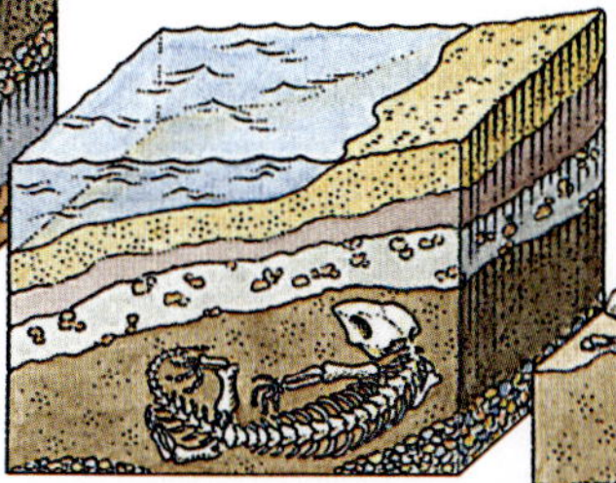

(3) Die Ablagerungen um das Fossil werden zu Stein.

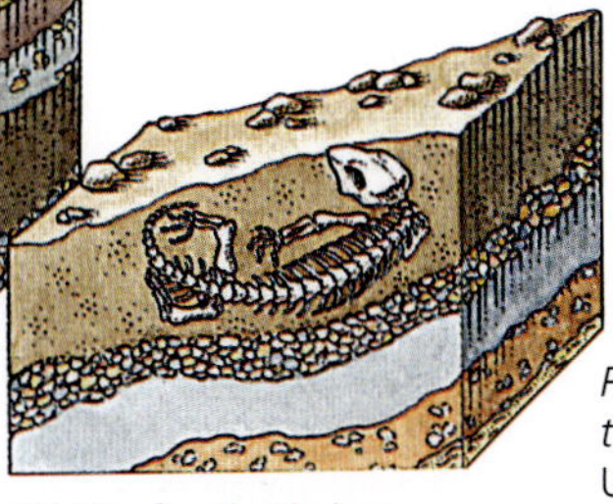

(4) Das fossile Skelett gelangt wieder an die Oberfläche.

Procolophon trigoniceps, Untere Trias, Südafrika

WEISS IN ROT
Procolophon war ein kleines Reptil der Unteren Trias. Seine Fossilien stammen aus dem Karoo-Becken in Südafrika. Vollständige Skelette und Schädel sind als weiße fossile Knochen, eingebettet in rotes Sedimentgestein, hervorragend erhalten. Die Gesteinsfarbe beruht auf Eisenmineralien, die die Quarzkristalle zusammenhalten. Sie zeigt, dass im Sediment kein Sauerstoffmangel herrschte.

Abdruck des Trilobiten *Flexicalymene caractaci*, Ordovizium, England

GEGENSTÜCK
Wenn man den Stein aufbricht, kommen Steinkern und Abdruck zum Vorschein. Der Abdruck dieses Trilobiten ist erhalten geblieben, das Tier selbst ist nicht versteinert, der Abdruck wurde später wieder gefüllt. Oft werden Fossilien durch den Druck des aufliegenden Gesteins platt gedrückt oder zerbrechen.

KALT- UND WARMZEITEN
Felsen geben Hinweise auf frühere Klimate und belegen die Kontinentalverschiebung. Fossilien des Samenfarns *Glossopteris* findet man häufig im Permgestein der Antarktis. In dieser Periode war die Antarktis Teil eines großen Kontinents und befand sich nicht am Südpol. Das Klima war viel wärmer als heute.

Glossopteris, Perm, Neusüdwales (Australien)

URALT
Meteoriten und Mondgestein bestätigen, dass die Erde 4,55 Mrd. Jahre alt ist. Die ältesten Gesteine der Erde sind 4 Mrd. Jahre alte metamorphe Gesteine aus Nordkanada. Sie bildeten sich aus Sedimentgesteinen, die noch früher abgelagert wurden.

Erste Lebensspuren

Obwohl die ersten Lebewesen bereits viel früher gelebt haben, sind die bisher ältesten Lebensspuren etwa 3,3–3,4 Milliarden Jahre alt. Sie stammen von mikroskopisch kleinen Bakterien aus australischen und südafrikanischen Gesteinen, als die Erde 1 Milliarde Jahre alt war. Diese Cyanobakterien gehören zu den Prokaryonten – einzelligen Lebewesen ohne eigentlichen Zellkern. Viele Prokaryonten können nur in einer sauerstofffreien Umgebung leben. Pflanzen, Tiere und Pilze gehören zu den Eukaryonten. Ihre Zellen haben einen Zellkern sowie Organellen für unterschiedliche Aufgaben. Die ersten Eukaryonten erschienen vor 2 Milliarden Jahren. Sie könnten durch Verschmelzung verschiedenartiger Prokaryonten entstanden sein. Vor dieser Zeit befand sich in der Atmosphäre nur wenig Sauerstoff, den die Eukaryonten zum Leben brauchen, und es gab keine Ozonschicht, die die Erde vor der schädlichen UV-Strahlung schützt.

ALGENHÜGEL
Im seichten, klaren Wasser der westaustralischen Shark Bay wachsen Hügel von Stromatolithen (Kalkabscheidungen von Cyanobakterien). Die Blaualgen betreiben Fotosynthese: Sie nehmen Kohlendioxid auf und geben Sauerstoff ab.

Jede Schicht entspricht einer Wachstumsperiode.

Skakoper cryptozoan (ein Stromatolith), Proterozoikum, Minnesota (USA)

JAHRESRINGE
In den Blaualgenmatten sammeln sich Sinkstoffe. Sie werden durch Kalkabscheidungen verfestigt. Die Schichten bauen einen harten Hügel auf, der versteinern kann. Stromatolithen (3,4 Mrd. Jahre alt) fand man in südafrikanischem Gestein.

Vermutlich ist der „Kopf" von Spriggina *lediglich die Ansatzstelle eines Tentakelkranzes.*

Körpersegment (-abschnitt) oder Tentakelfieder

Dickinsonia *aus den australischen Ediacara-Schichten wuchs durch Ausbildung neuer Segmente.*

Dieses Ediacara-Fossil wurde in seinem sandigen, präkambrischen Lebensraum in Südaustralien begraben.

Zwei versteinerte Quallen aus Ediacara

ZARTER EINDRUCK
In Südaustralien findet man ein hartes, 700 Mio. Jahre altes violettes Sedimentgestein aus Quarzkörnchen. 1946 entdeckte man in diesem Gestein bei Ediacara Fossilien der ältesten bekannten Vielzeller. Abdrücke zarter Tentakelkränze, geriefte Scheiben und geteilte Kreise sind die Reste einer geheimnisvollen Tiergruppe. *Spriggina* könnte ein Ringelwurm (ein Trilobitenverwandter) oder nur ein Tentakelarm gewesen sein. Andere Fossilien waren vielleicht Quallen oder aber nur ausgefüllte Bodenhöhlen.

DER ANFANG
Über die Entstehung des Lebens geben Fossilien keinen Aufschluss, da die ersten Lebensformen nicht erhalten sind. Diese Frage muss anders untersucht werden. 1953 bewies der amerikanische Chemiker Stanley Miller, dass in der frühen Atmosphäre komplizierte Moleküle entstanden – Voraussetzung für Leben.

An die Elektroden wird eine sehr hohe Spannung angelegt.

Durch die elektrischen Funken entstehen aus den Gasen Aminosäuren.

HELLER FUNKE
Bevor die Blaualgen durch Fotosynthese die Atmosphäre mit Sauerstoff anreicherten, bildete ein Gemisch aus Gasen wie Methan, Ammoniak, Wasserstoff und natürlich Wasserdampf die „Lufthülle" der Erde. Millers Versuch zeigte, dass unter dem Einfluss elektrischer Entladungen aus diesen Gasen Aminosäuren entstehen können. Aminosäuren sind die Bausteine der Eiweißmoleküle, der „Werkzeuge des Lebens".

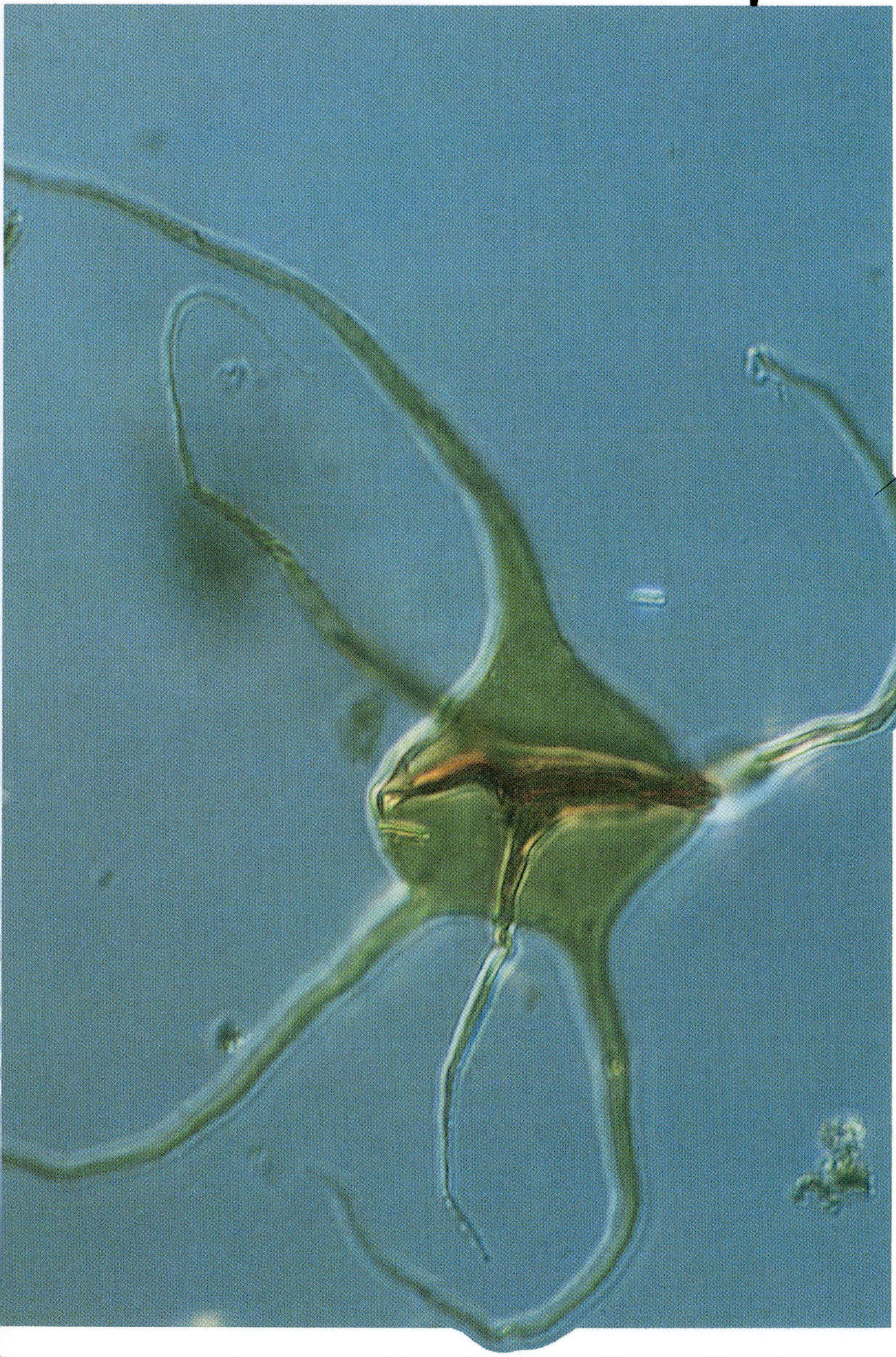

Stachliger Acritarcha-*Vertreter aus Silurgestein*

Beispiel für einen Meteoriten mit hohem Kohlenstoffgehalt (Chondrit)

AUSSERIRDISCH
Ein Beweis dafür, dass organische Moleküle von selbst entstehen können, stammt aus dem Weltall. 1969 ging bei der australischen Stadt Murchison ein kohlenstoffhaltiger Meteorit nieder. Eine Untersuchung ergab, dass er ähnliche Aminosäuren enthielt, wie sie bei Millers Versuch entstanden waren.

RÄTSELHAFT
Die Deutung und Zuordnung von Fossilien ist nicht immer einfach. So auch bei den ältesten Eukaryonten, einer Gruppe mikroskopisch kleiner Fossilien mit zusammengedrückten und flachen, stachligen und glatten, runden, ovalen oder dreieckigen Formen, die seit 1,8 Mrd. Jahren auftreten. Wahrscheinlich handelt es sich bei den *Acritarcha* (griech. *akritos* für „verworren") um einzellige Meeresalgen.

Das Leben explodiert

Die Geschichte des biologischen Lebens der Erde lässt sich nicht leicht nachvollziehen, denn die meisten Arten haben keine Spuren hinterlassen. Im Buch des Lebens fehlen zahlreiche Seiten, und so kann man den Verlauf der Erdgeschichte oft nur schwer erfassen. Im berühmten 505 Millionen Jahre alten Burgess-Schiefer in den kanadischen Rocky Mountains fand man eine bereits mannigfach entwickelte Artenvielfalt an Fossilien, wie sie nach 100 Millionen Jahren ohne Fossilien in den Gesteinen nicht zu erwarten war. In rund 2400 Meter Höhe lagerten in den Schiefern hervorragend erhaltene Weichteilfossilien sowie dünnschalige Reste von über 120 Tierarten, die sich erheblich von der Ediacara-Fauna (S. 12–13) unterscheiden. Diese Tiere waren aber nicht nur anders als ihre Vorläufer, einige sind auch völlig anders als die heutigen Formen. Fast könnte man vermuten, dass die Tierwelt vor 505 Millionen Jahren noch vielfältiger war als heute.

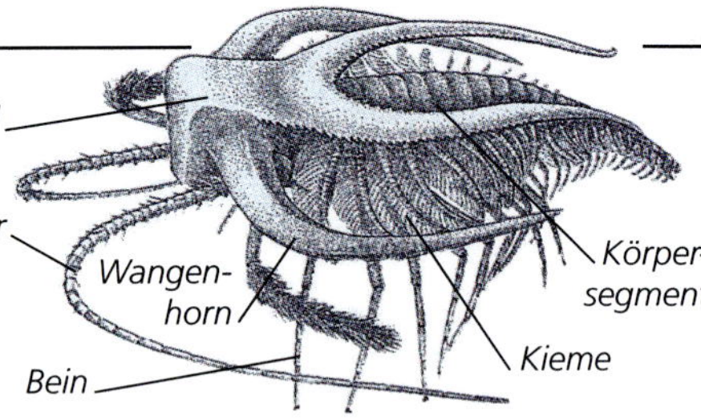

MARRELLA
Marrella hat einen gegliederten Körper. Mit einem Fühlerpaar tastete sie ihre Umgebung ab, mit federartigen Anhängen fächelte sie sich Nahrung in den Mund. Jedes Bein trug einen Kiemenast.

ZAHLREICH
Marrella ist mit über 13 000 bis zu 19 mm langen Exemplaren das häufigste Tier in den Burgess-Schiefern. Am keilförmigen Kopf saßen zwei Paar lange, nach hinten gebogene Stacheln. Jeder der 24–26 Körperabschnitte trug ein Paar zweiästiger Anhänge. Der obere Ast diente als Kieme, der untere als Bein. *Marrella* zeigt, wie gut die Fossilien aus dem Burgess-Schiefer erhalten sind. Die Tiere wurden im Meer unter Schlammmassen begraben. Sie starben, verwesten aber nicht. Als sich der Schlamm zu Stein verdichtete, versteinerten die platt gedrückten Überreste.

ENTDECKER
Charles D. Walcott (1850–1927) von der Smithsonian Institution in Washington (USA) entdeckte 1909 den Schatz der Burgess-Schiefer. In sechsjähriger Forschungsarbeit sammelte er 65 000 Fossilien. Aber erst in neuerer Zeit erkannte man die Bedeutung dieser Funde, die sich hauptsächlich in den Sammlungen der Smithsonian Institution und des kanadischen Geological Survey in Ottawa befinden.

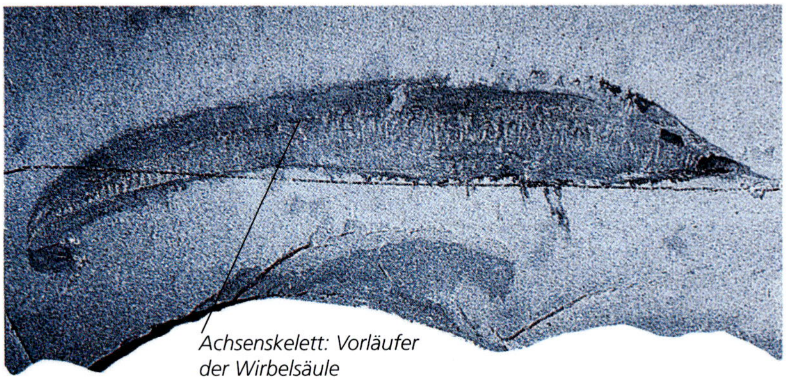

WURM ODER WIRBELTIER?
Von den vielen wirbellosen Tieren im Burgess-Schiefer, wie Würmern, Stachelhäutern, Schwämmen und Gliederfüßern, hebt sich die 4 cm lange *Pikaia* deutlich ab. Sie ähnelt einem Fisch. Walcott bestimmte sie aber als Ringelwurm. Wegen der großen Ähnlichkeit mit dem Lanzettfischchen stellt man *Pikaia* heute zu den Chordatieren, zu denen auch wir gehören.

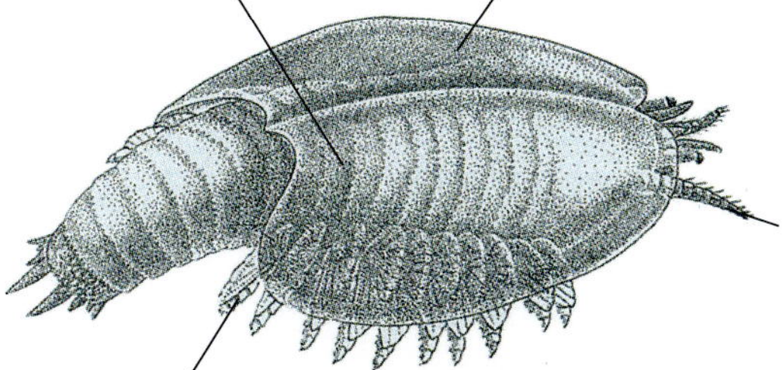

BORSTENTIER
Dieser Ringelwurm erinnert an eine alte Zahnbürste: *Canadia* gehört zu den Polychaeten (Vielborstern). Polychaeten haben einen langen gegliederten Körper mit einem Paar Borstenbüscheln an jedem Segment. Die Borsten dienen zum Kriechen und zum Schwimmen. Zu den noch lebenden Borstenwürmern gehören z. B. der Wattwurm und die Seemaus, die ebenso haarig ist wie *Canadia*.

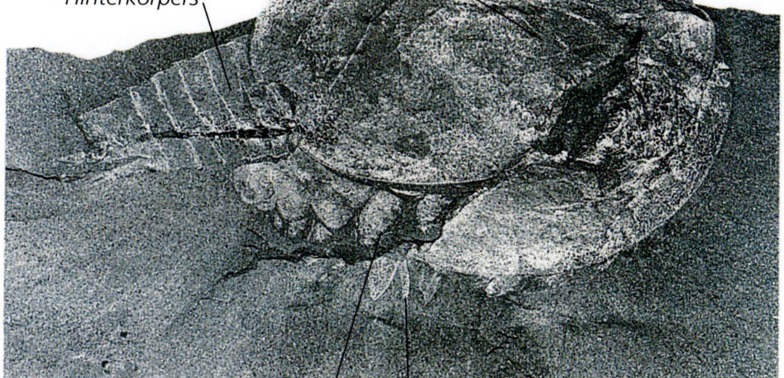

CANADASPIS
Canadaspis ist mit 7,5 cm recht groß und das zweithäufigste Tier in den Burgess-Schiefern. Sie trug einen zweiteiligen Kopf-Brust-Panzer und gehört zu den Krebstieren wie Garnelen, Krabben und Hummer. Unter dem Panzer befanden sich ein Kopf mit Augen, ein 15-gliedriger Körper und zehn Paar Beine und Kiemen.

IRRTUM?
Das vielleicht seltsamste Tier der Burgess-Welt war *Hallucigenia*. Welches Tier hat sieben Paar Stacheln, sieben Tentakel und einen röhrenförmigen Körper, an dessen einem Ende ein dünnes Rohr und an dessen anderem ein Ballon sitzt? *Hallucigenia* war so bizarr, dass sich die Wissenschaftler nicht sicher waren, wo vorn und hinten und wo oben und unten war. Neue Funde aus China weisen *Hallucigenia* als raupenförmigen Stummelfüßer aus. Eine weitere Lücke in der Fossilgeschichte ist geschlossen.

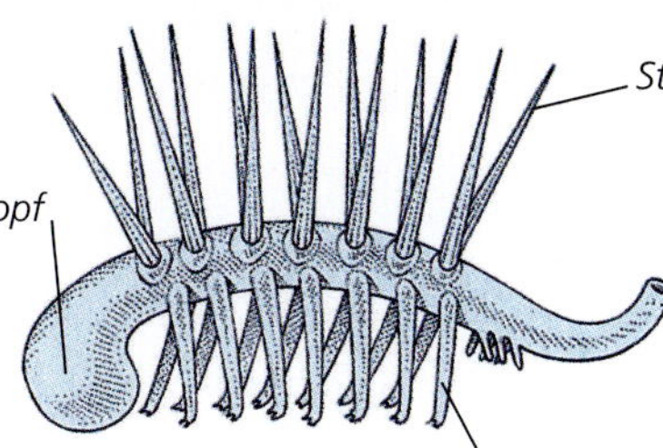

RICHTIGGESTELLT
Neue Fossilfunde aus China, die ebenso alt sind wie die aus den Burgess-Schiefern, zeigen, dass die ersten wissenschaftlichen Rekonstruktionen der 2,5 cm langen Hallucigenia das Tier auf dem Kopf darstellten. Die richtige Version ist oben abgebildet. Sieben Paar Stelzen erwiesen sich als Rückenstachel und sieben Tentakel mit pinzettenartigen Greifern als Beine.

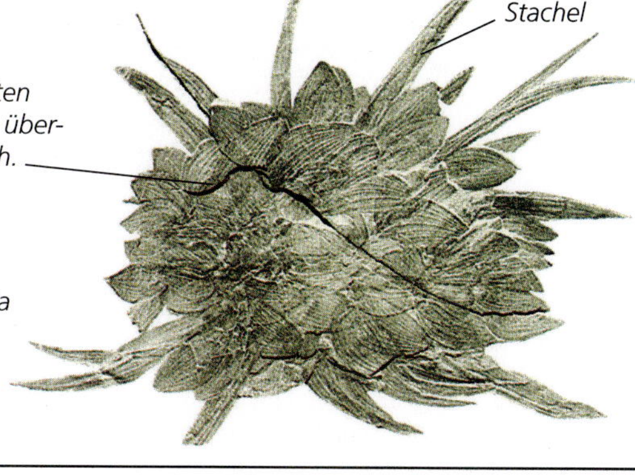

SCHUPPEN UND STACHELN
Schuppen und Stacheln sind nahezu alles, was man von *Wiwaxia* erkennen kann. Zunächst hielt man das Tier für einzigartig, nach neueren Untersuchungen ist es mit der Seemaus, einem Polychaeten, verwandt. Die gerieften flachen Schuppen überlappen und bilden einen Panzer, die Stacheln stehen zur Verteidigung in zwei Reihen ab. Zwei weitere Funde vervollständigen das Bild von der 4 cm langen *Wiwaxia*: Ein Paar bezahnter Lamellen diente zum Fressen. Armfüßer, die auf einigen Schuppen saßen, zeigen, dass *Wiwaxia* am Meeresboden entlangkroch und nicht im Boden grub.

Harte Schalen

In den 200 Millionen Jahren, die die Lebewesen der Ediacara von den Fossilien aus den Burgess-Schiefern trennen, entwickelten viele Tiere mit weichen Körpern harte Schalen. Einer der wichtigsten Bestandteile der Schalen ist Kalzit, kristallisiertes Kalziumkarbonat (Kalk). Bei den Gliederfüßern besteht der Außenpanzer aus Chitin, einer mit Zucker verwandten Substanz. Manche Tiere bildeten ein geschlossenes Kalkgehäuse, andere einen Panzer aus einzelnen Platten. Trilobiten konnten schwimmen und auf dem Meeresboden kriechen. Sie bewegten ihr gelenkiges Außenskelett mit Muskelkraft. Die Gehäuse von Korallen und Armfüßern waren fest am Untergrund verankert. Außenskelette und harte Schalen schützten die Tiere wirkungsvoll vor Feinden. Dank dieser harten Hüllen sind Millionen faszinierende Fossilien überall auf der Welt in Gesteinen erhalten.

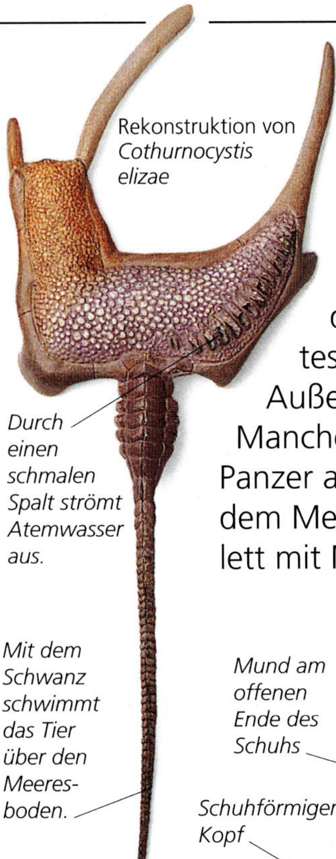

Dactylioceras commune, Unterer Jura, Großbritannien

KOPFLOS
Im Mittelalter hielt man Ammoniten für versteinerte Schlangen. Daher meißelte man in einige Exemplare einen Schlangenkopf.

Cothurnocystis elizae, Oberes Ordovizium, Schottland

EIN VERWANDTER?
Cothurnocystis elizae (440 Mio. Jahre alt) passt in eine hohle Hand. Einige Wissenschaftler glauben, dass von seinen Vorfahren auch die Wirbeltiere, und damit auch der Mensch, abstammen. Der schuhförmige Körper war von Kalkplatten geschützt. Mit dem Stiel schwamm *Cothurnocystis* über den Boden, dabei nahm er Wasser auf und filterte Nahrungspartikel heraus. Das Wasser wurde dann durch Schlitze wieder ausgeschieden.

Leddesdalenais woodocrinus, Karbon, Schottland

SEELILIE
Seelilien wie *Leddesdalenais* sind mit einem Stiel aus elastisch verbundenen Kalkgliedern fest am Boden verankert. Mit kleinen Füßchen an ihren langen Armen filtern die Tiere ihre Nahrung aus dem Wasser. In Rinnen in den Armen gelangt sie zum Mund in der Mitte der Mundscheibe. Seelilien gibt es noch heute. Sie traten erstmals vor etwa 500 Mio. Jahren auf und, auch wenn sie wie Pflanzen aussehen, gehören sie wie Seeigel und Seesterne zu den Stachelhäutern.

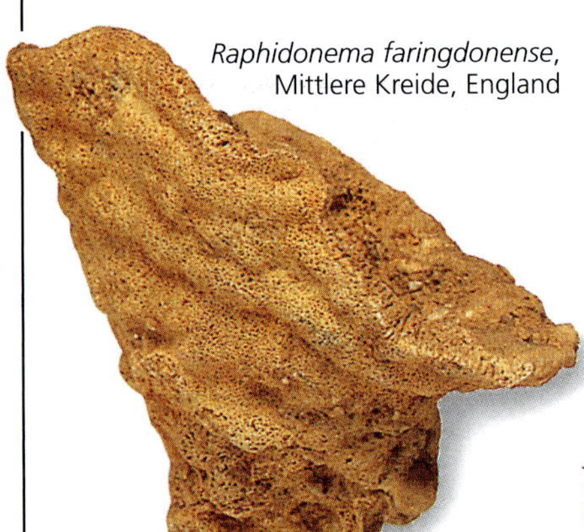

Raphidonema faringdonense, Mittlere Kreide, England

STACHELSCHWAMM
Man kennt sie als weiche Badeutensilien, doch haben viele Schwämme ein Skelett aus Streben und Stacheln. Dieser Schwamm hat ein Kalkskelett, andere bauen ihr Außenskelett aus Siliziumoxid, dem Hauptbestandteil von Glas, auf. Das Skelett trägt die weichen Organe der Tiere und verankert sie am Meeresgrund.

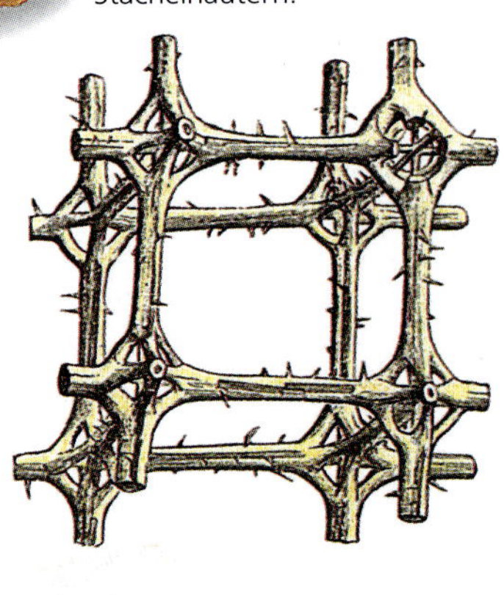

Skelett eines Schwamms mit harter, scharfkantiger Struktur

PANZERSCHUTZ

Trilobiten prägten die ältesten Lebensgemeinschaften hartschaliger Meerestiere und überlebten bis vor 245 Mio. Jahren. Im Gegensatz zu Muscheln oder Korallen, die ihren Panzer erweitern, haben Trilobiten sich gehäutet. Bis ihr neuer, größerer Panzer ausgehärtet war, waren sie ungeschützt. Ein Tier häutete sich mehrmals im Leben. Viele alte Panzer (Exuvien) versteinerten und lassen die Tiere häufiger erscheinen, als sie waren.

Großes Facettenauge aus vielen Einzelaugen

Der Endstachel passt genau in eine Grube unter dem Kopf.

Die Körperringe waren gelenkig verbunden, sodass sich das Tier einrollen konnte.

Phacops africanus, Devon, Westliche Sahara

Öffnung für den Stiel, der den Armfüßer am Meeresboden verankerte

Gelenk zum Öffnen und Schließen der Schale

Spirifer, Karbon, Irland

ARMFÜSSER

Auf den ersten Blick sieht ein Armfüßer wie eine Muschel aus. Er gehört aber zu einer völlig anderen Tiergruppe, die erstmals im Unteren Kambrium auftrat. Armfüßer wachsen, indem sie Kalk und organische Stoffe an den Rand der Schale anbauen. In der Schale erzeugen kleine Härchen auf den Tentakeln der Arme einen ständigen Wasserstrom, aus dem kleine Nahrungsteilchen herausgefiltert werden.

Großes, gebogenes Auge sorgte für hervorragenden Rundumblick.

Der Kopf trug die Mundwerkzeuge.

Bruchlinie („Naht") im Trilobitenpanzer erleichterte die Häutung.

Körpersegment

Schwarzschild (Pygidium): Platte aus verschmolzenen Segmenten

Phacops rana, Devon, Ohio (USA)

BAUMEISTER

Korallenriffe sind die vielfältigsten Lebensgemeinschaften im Meer. Das größte heutige Riff ist das 2000 km lange Große Barriereriff vor Australien. Die ältesten Riffe wurden vor 2 Mrd. Jahren von Algen aufgebaut. Korallenpolypen schlossen sich den Baumeistern erst im Mittleren Ordovizium (vor 470 Mio. Jahren) an. Heute findet man Korallen in Flachmeeren bei Temperaturen über 18 °C.

DAS ERSTE AUGE

Trilobiten waren die ersten Lebewesen, die sehen konnten. Mit ihren hervorragenden Augen konnten sie Bewegungen und Formen im Dämmerlicht des Meerwassers erkennen. Das Material für ihre Schale mussten sie wie alle Lebewesen ihrer Nahrung entnehmen. Nach ihrem Tod versanken die Schalen in den Ablagerungen am Meeresboden. Fossile Trilobiten haben Beinpaare an Kopf, Körper und Schwanzschild, aber keine Spuren der zarten Fühler. An jedem Bein befand sich eine federförmige Kieme, die vielleicht auch zum Schwimmen diente. Ein kleiner Trilobit wuchs, indem er neue Segmente anlegte, bis die Segmentzahl eines erwachsenen Tiers erreicht war.

In dieser Vertiefung saß der Polyp.

Ketophyllum, Silur, Schweden

KORALLEN

Diese vielfach verzweigte fossile Koralle war einst eine Kolonie von Tieren. In jeder Vertiefung am Ende eines Zweigs saß ein Polyp. Fiedrige Tentakel umgaben seinen nach oben gerichteten Mund und bewegten sich in der Meeresströmung. Wenn der Polyp wuchs, baute er weiteren Kalk am Skelett unter sich an und vergrößerte und erweiterte seinen Turm. Tiefe Furchen im Fuß des Tiers bauten strahlige Rippen auf, die der wachsenden Koralle Festigkeit gaben.

Innenskelett statt Panzerhaut

VIELSEITIG
Louis Agassiz (1807–1873), ein gebürtiger Schweizer, wanderte in die USA aus. Er war Fischkundler und erforschte die Eiszeit.

In den 60 Millionen Jahren, in denen die Burgess-Fossilien lebten, entstand eine Gruppe von Tieren, die keinen harten Panzer hatten. Ihr Körper wurde von Knochen im Inneren gestützt. Knochen bestehen aus harten Mineralien und elastischen Eiweißen. Zellen im Inneren der Knochen werden durch Blutgefäße versorgt und machen den Knochen zu einem lebenden Organ. Knochen, Zähne und Schuppen sind dauerhaft und fossil sehr gut erhalten. Die ersten Wirbeltiere – kieferlose Fische – erschienen vor 500 Millionen Jahren. Einige Fische, die kieferlosen Cephalaspiden und die Panzerfische, besaßen einen dicken Knochenpanzer. Die ältesten Kieferlosen lebten als Nahrungsstrudler am Meeresboden. Im Lauf der Evolution verschwand der Kopfpanzer. Aus einigen seiner Knochen entstanden bezahnte Kiefer. Der Erfolg der Echten Knochenfische (Teleostei) zeigt sich an ihrer hohen Artenzahl, die 96 % aller Fischarten in Meeren, Flüssen und Seen ausmacht.

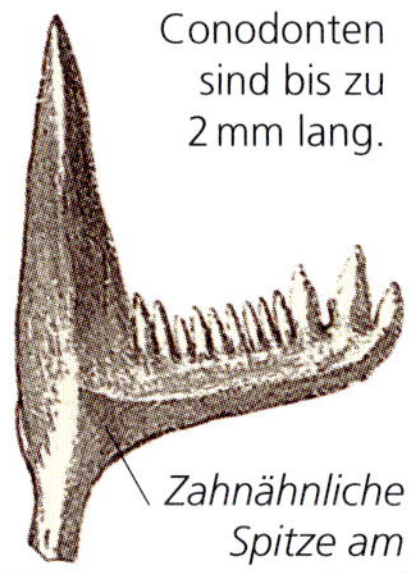

Conodonten sind bis zu 2 mm lang.

Zahnähnliche Spitze am Kopf

RÄTSELHAFTER ZAHN
Über 100 Jahre lang rätselte man, ob die kleinen, zahnähnlichen Dornen von Weichtieren, Fischen, Würmern oder Pflanzen stammen. Das Rätsel wurde in Schottland gelöst. Dort fand man Conodonten aus dem Unterkarbon als Bestandteile eines langen, weichen, aalähnlichen fossilen Tiers. Vielleicht war es ein urtümlicher Wirbeltierverwandter.

Mit den Brustflossen stakte das Tier über den schlammigen Meeresboden.

PANZERSCHUTZ
Einer der am stärksten gepanzerten Panzerfische, der 13 cm lange, 370 Mio. Jahre alte *Pterichthyodes*, war am ganzen Körper durch Knochenplatten geschützt. Sogar die Brustflossen trugen eine Knochenpanzerung und waren zum Schwimmen wohl nicht zu gebrauchen.

Pterichthyodes milleri, Mitteldevon, Schottland

Symmetrische (homocerke) Schwanzflosse

Lepidotes elvensis, Unterer Jura, Deutschland

Birkenia elegans, Silur, Schottland

Rückenstachel

SCHUPPENSCHUTZ
Birkenia war ein kleiner, spindelförmiger, kieferloser Süßwasserfisch und lebte vor 425 Mio. Jahren. Überlappende Knochenschuppen bedeckten den Körper. Vom Rücken standen mehrere Stacheln ab. Ein Mosaik aus Knochenplatten bedeckte den Kopf. Dahinter bilden Kiemenöffnungen eine gepunktete diagonale Linie.

Cephalaspis pagei, Devon, Schottland

Auge

KEINE KIEFER
Die ersten Fische waren kieferlos. Mit dem Kiemendarm filterten sie Nahrung aus dem Wasser. *Cephalaspis* besaß einen knöchernen Kopfpanzer. Nach hinten gebogene Dornen schützten die Brustflossen. Zwei Augen und ein Nasenloch saßen am Kopf. Außerdem hatten die Tiere drei Sinnesfelder am Kopf (Gleichgewichts- und Hörorgan). *Cephalaspis* und Birkenia waren Ostracodermen – „Schalenhäuter".

Holophagus penicillata, Oberer Jura, Deutschland

ALTE GESCHICHTE
Wenn eine Art als Fossil fehlt, kann das bedeuten, dass sie nicht versteinerte oder dass sie ausgestorben war. Jahrzehntelang glaubten die Paläontologen, dass die Quastenflosser vor 65 Mio. Jahren, am Ende der Kreidezeit, ausstarben. Doch 1938 gelang vor der Ostküste Südafrikas ein sensationeller Fund: ein lebender Quastenflosser. Seither hat man vor den Komoren, nordwestlich von Madagaskar, viele Exemplare gefangen. Zusammen mit den Lungenfischen (S. 24–25) bilden die Quastenflosser, wie der 36 cm lange, fossile *Holophagus*, die Gruppe der Sarcopterygier („Fleischflosser").

LEBENDES FOSSIL
Latimeria ist die einzige bekannte lebende Quastenflosserart. Den Eingeborenen der Komoren war sie längst bekannt: Ihre rauen Schuppen eignen sich hervorragend als Schmirgelpapier beim Flicken von Fahrradreifen.

HERING IN STEIN?
Der 43 cm lange *Diplomystus* aus den Green-River-Schiefern in Wyoming (USA) hat ein typisches Knochenfischskelett. Im Vergleich zu *Lepidotes* sind seine Schuppen kleiner und dünner. Das Skelett ist elastisch und beweglich: eine Anpassung an das Schwimmen. *Diplomystus* ist verwandt mit Heringen, Sardinen und Anchovis. Diese Fische gehören zu den Strahlenflossern (Actinopterygiern), der größten Gruppe der Knochenfische.

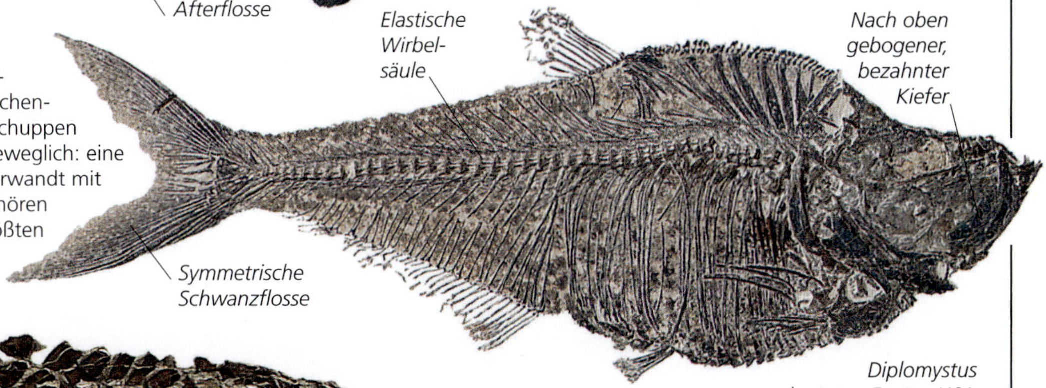

Diplomystus dentatus, Eozän, USA

STRAHLENFLOSSEN
Mit seinem Schuppenpanzer war der 1,2 m lange *Lepidotes* sicher ein schwerfälliger Schwimmer. Wie die meisten heutigen Fische gehört er zur größten Knochenfischgruppe, den Strahlenflossern. Ihr namengebendes Merkmal sind Knochenstrahlen als Stütze der Flossen. Dank einer Schwimmblase können sie im Wasser auf und ab schweben. Mit seinen kräftigen Zähnen fing *Lepidotes* am Boden lebende Schalentiere.

SCHÖNER ENGEL
Dieses 12 cm lange, gut erhaltene Skelett fand man bei Monte Bolca in Norditalien. Mit ein wenig Farbe könnte man daraus einen heutigen Engelfisch aus einem tropischen Korallenriff machen. *Naso rectifrons* sammelte in Felsspalten seine Nahrung und schreckte Feinde durch seine Farben ab.

Engelfisch

Naso rectifrons, Oberes Eozän, Italien

Seeungeheuer

Geschichten von Seeungeheuern gibt es, seit Menschen die Ozeane und großen Seen befahren. Noch immer erzählt man sich Märchen und Mythen von Meerjungfrauen, dem legendären Wal Moby Dick oder dem Ungeheuer im schottischen Loch Ness. Im Lauf der Evolution schwammen viele monströse Lebewesen durch die Weltmeere. Manche der frühen Lebensformen waren auf den Meeresgrund als Lebensraum beschränkt, andere jagten im offenen Wasser nach Beute. In diesem Wettbewerb stellte die Körpergröße einen wichtigen Vorteil dar. Riesenräuber erschienen in vielen Tiergruppen. Trotz ihrer 70 Zentimeter Körperlänge konnten sich die Trilobitenriesen nicht mit dem 2 Meter großen *Pterygotus*, einem Breitflosser (Eurypteriden) aus dem Devon, messen. Die Entwicklung von Kiefern zum Zubeißen gab den Fischen einen Vorteil gegenüber den anderen Meeres- und Süßwassertieren. Hinzu kamen Riesenformen wie der Panzerfisch *Dunkleosteus* und später der Knochenfisch *Xiphactinus*. Seither beherrschen Fische die Weltmeere, und selbst die furchterregenden Meeressaurier (S. 38–39) konnten ihren Siegeszug nicht aufhalten.

SILURSEE
Räuberische Breitflosser (skorpionähnliche Gliederfüßer) beherrschten das Meer im Silur (vor 439–409 Mio. Jahren). Während die meisten Fische noch keine Kiefer hatten und sich als Filtrierer ernährten, waren die Breitflosser gewandte Räuber. Einige spätere Formen wurden 2 m lang.

WELCH EIN FANG!
Die meisten heutigen Fische gehören zu den Knochenfischen – etwa 21 000 Arten. Keine aber übertrifft an Größe *Xiphactinus*. Lebend erreichte er 4,2 m Länge und ein Gewicht von 750 kg. *Xiphactinus* lebte vor etwa 80 Mio. Jahren in den kreidezeitlichen Meeren Europas, Australiens und Nordamerikas. Seine großen Kegelzähne waren wahrscheinlich das letzte, was seine Beutetiere von der Welt sahen.

PINZETTEN UND PADDEL
Die Breitflosser (Eurypteriden) erschienen vor 470 Mio. Jahren. Sie gehören wie die Spinnen und Skorpione zu den Spinnentieren. Ihr Körper war segmentiert, wie für alle Gliederfüßer (z. B. Trilobiten, S. 16–17) typisch. Sie besaßen Mundwerkzeuge zum Zerkleinern ihrer Beute. Dieser Breitflosser (Aufsicht auf die Bauchseite) hat sechs Paar Gliedmaßen: ein Paar pinzettenartige Mundwerkzeuge, vier Paar gegliederte Laufbeine und ein zu kräftigen Paddeln umgebildetes letztes Beinpaar.

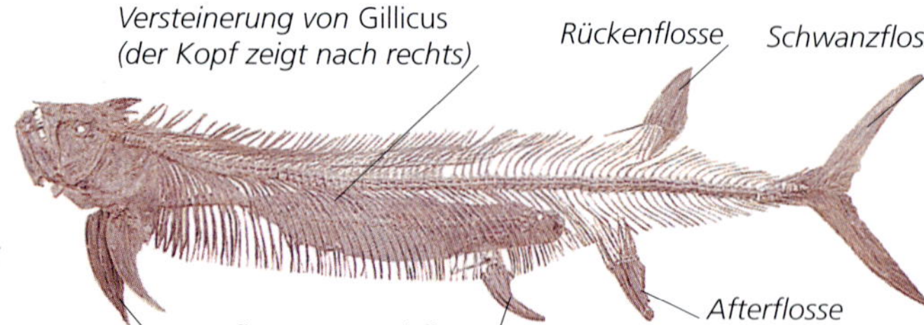

FISCHFUTTER
Die Nahrung von *Xiphactinus* in den kreidezeitlichen Meeren ist bekannt: Man fand einige vollständige Skelette mit dem ebenfalls vollständigen Skelett eines anderen Fischs – *Gillicus* – im Bauch. *Gillicus* war mit 1,80 m kein kleiner Fisch. Einige Wissenschaftler vermuten, dass diese *Xiphactinus*-Exemplare an ihrer Gefräßigkeit starben: Sie konnten die zu große Beute nicht verdauen.

Gepanzerter Kopf von *Dunkleosteus*

KOPFKAPSEL

Dicke Knochenplatten schützten Kopf und Schultern von *Dunkleosteus*. Die Kopfkapsel war gelenkig mit dem Schulterschutz verbunden, sodass der Kopf bewegt werden konnte.

Dunkleosteus, Karbon, Ohio (USA)

PANZERKNACKER

Wie *Pterichthyodes* (S. 18–19) gehörte *Dunkleosteus* zu den Panzerfischen, aber sein Panzer bedeckte nicht den ganzen Körper. *Dunkleosteus* war der schrecklichste Räuber des Oberdevon vor etwa 365 Mio. Jahren. Kopf und Vorderkörper waren von dicken Knochenplatten geschützt, und mit über 9 m erreichte er eine gewaltige Größe. In den Kiefern befanden sich keine Zähne, sondern Knochenzacken, mit denen er andere Panzerfische leicht knacken konnten.

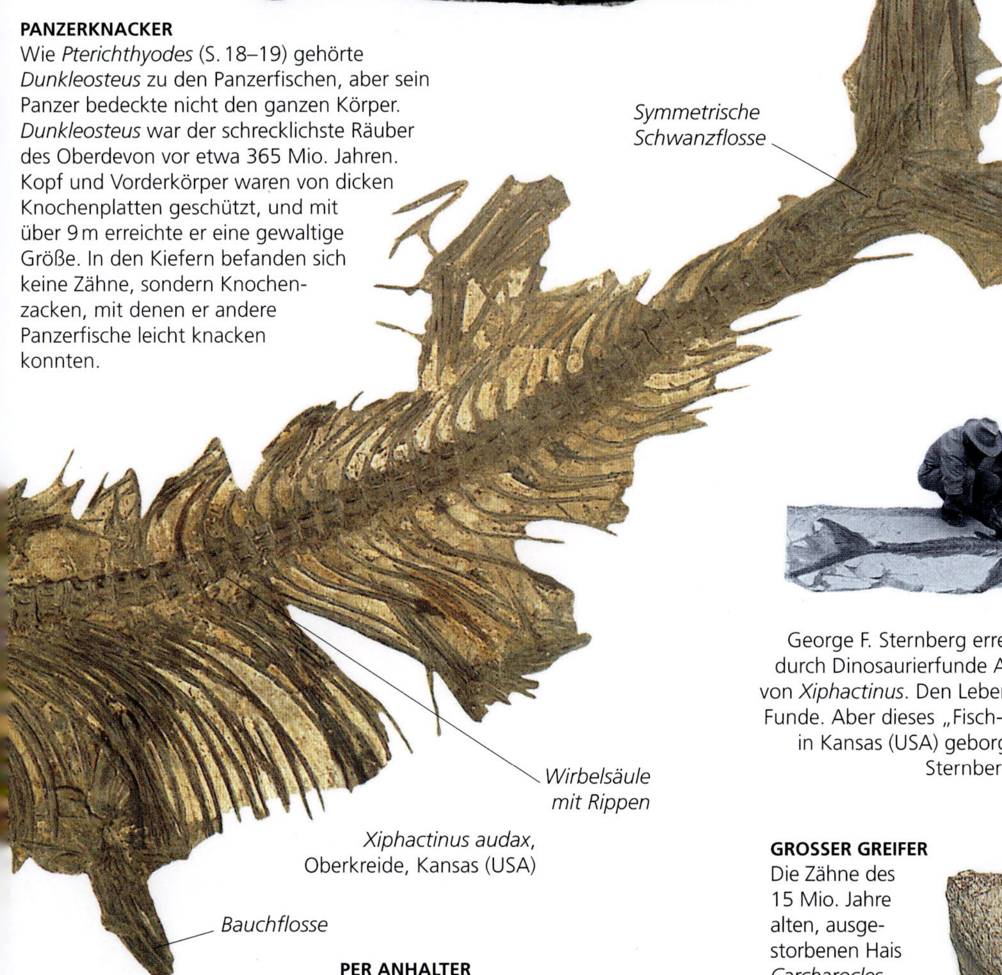

Xiphactinus audax, Oberkreide, Kansas (USA)

FOSSILIENJÄGER

George F. Sternberg erregte mit seinen Brüdern und seinem Vetter durch Dinosaurierfunde Aufsehen. Er entdeckte gewaltige Exemplare von *Xiphactinus*. Den Lebensunterhalt bestritt er mit dem Verkauf seiner Funde. Aber dieses „Fisch-im-Fisch"-Fossil, 1952 aus Kalkablagerungen in Kansas (USA) geborgen, war etwas so Besonderes, dass es im Sternberg-Museum in Kansas blieb.

GROSSER GREIFER

Die Zähne des 15 Mio. Jahre alten, ausgestorbenen Hais *Carcharocles megalodon* sind scharf und gefährlich. Die 1,8 m messenden Kiefer (mit 44 Zähnen) lassen auf eine Körperlänge von mindestens 13 m schließen.

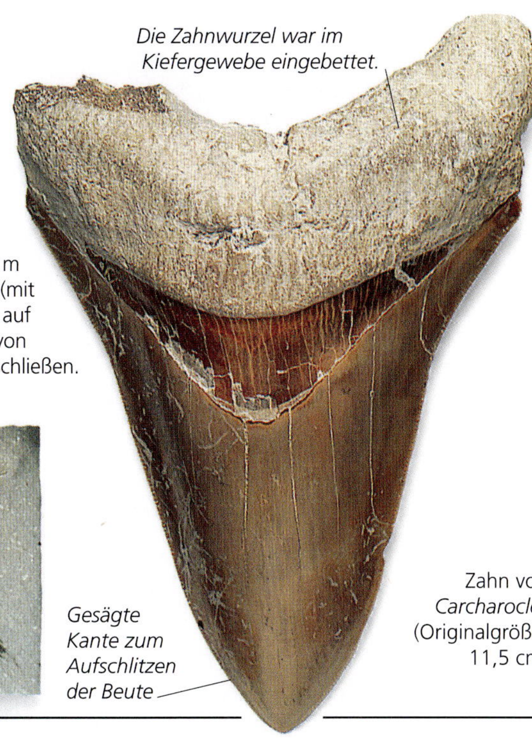

Zahn von *Carcharocles* (Originalgröße: 11,5 cm)

PER ANHALTER

Einer der seltsamsten Haie ist der 330 Mio. Jahre alte *Stethacanthus*. Er hatte an Kopf und Rückenflosse Felder kleiner Zähne. Vielleicht hielt er sich damit als „blinder Passagier" an anderen Fischen fest, oder sie hatten eine Funktion bei der Paarung.

Eroberung des Festlands

Im Wasser trocknen Lebewesen nicht aus und die Nahrung wird einfach herbeigespült. Die Lebewesen müssen nicht ihr ganzes Gewicht tragen – sie erhalten Auftrieb vom Wasser. Als die ersten Pflanzen das Festland eroberten, waren neue Anpassungen notwendig. Die ältesten Spuren der ersten Landpflanzen sind keine Blätter sondern Sporen und stammen aus dem Mittleren Ordovizium vor rund 470 Millionen Jahren. *Cooksonia* zählt mit 430 Millionen Jahren zu den ältesten dieser Pflanzen. Lang gestreckte Zellen mit wellenförmig verstärkten Zellwänden (Tracheiden) hielten die Pflanzen aufrecht und bildeten ein Röhrensystem für den Wassertransport. Wurzeln nahmen das Wasser auf. Gefäßpflanzen haben eine wasserdichte äußere Zellschicht, die die Verdunstung verhindert. Öffnungen kontrollieren den Gasaustausch. Überall, wo sich Pflanzen ansiedelten, folgten ihnen Gliederfüßer, denen die Pflanzen Nahrung und Lebensraum boten. Die Beziehung zwischen Millionen von Insekten und Pflanzen hat sich als sehr erfolgreich erwiesen.

SILURSZENE
Kleine Gefäßpflanzen wie *Cooksonia* erschienen gegen Ende des Silurs. Meist wuchsen sie in sumpfigen Lebensräumen. Grünalgen waren weit verbreitet. Gliederfüßer suchten in abgestorbenen Pflanzen am Boden nach Nahrung und verbesserten gleichzeitig die Bodenqualität.

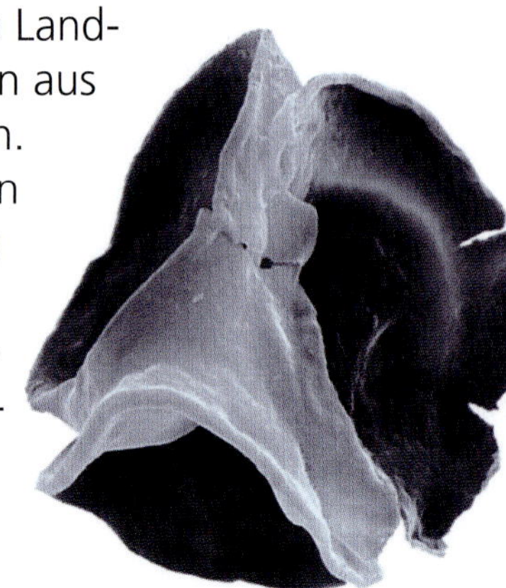

Spore von Tetrahedraletes

Sporentasche an der Spitze des Stängels von Cooksonia

Sporangium auf dem Stiel eines heutigen Lebermooses

FRÜHE PFLANZEN
Die ersten Landpflanzen vermehrten sich mit Sporen, die vom Wind verweht wurden. *Cooksonia* trug, ähnlich wie ein heutiges Lebermoos, seine Sporen in 1 mm großen Beuteln (Sporangien) an den Stängelspitzen. Kryptosporen wie die von *Tetrahedraletes* kennt man aus dem Devon. Sie könnten von laubmoosähnlichen Pflanzen ohne ausgeprägtes Gefäßsystem stammen.

Scheibenförmiges Sporangium

Blattähnliche Schuppe von Asteroxylon

Einzelnes Sporangium an der Stängelspitze

Frühe Rekonstruktion des einfachen Wurzelsystems mit dreischichtigen Stängeln von Aglaophyton

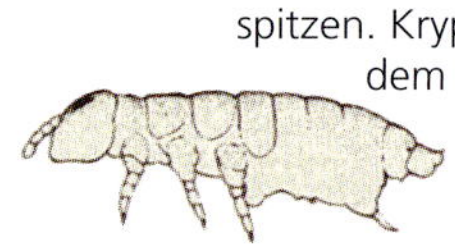

Ein heutiger Springschwanz ähnelt *Rhyniella*, dem ältesten in Rhynie gefundenen Insekt.

Protacarus – eine räuberische Milbe aus Rhynie, Devon

Versteinerte Pflanzen in silikatreichem Gestein aus den Rhynie Cherts (Schottland)

Heißes Wasser

Die Pflanzen von Rhynie wurden in silikatreichem Wasser aus vulkanischen heißen Quellen konserviert. Ein dickes Gel aus quartzähnlichen Mineralen bewahrte sie vor der Zerstörung und erhielt sogar mikroskopische Strukturen von Stängel, Sporen und Blättern. Auch Überreste von Spinnen, Milben und anderen Gliederfüßern blieben erhalten. *Asteroxylon* (50 cm groß) trug große flache Sporangien und hatte ein verzweigtes Leitsystem. *Aglaophyton major* hatte 18 cm lange Stängel und vereint Merkmale von Moosen und Gefäßpflanzen.

Acantherpestes major, Oberkarbon, Kansas (USA)

LAUB- UND BODENWÜHLER

Gliederfüßer spielte für Landpflanzen von Anfang an eine große Rolle. Der Tausendfüßer *Acantherpestes* ernährte sich von Pflanzenresten und sorgte damit als Bodenwühler für eine höhere Bodenfruchtbarkeit. Mit seinem flachen Körperbau und den seitlichen Stacheln durchstöberte er Streu und Laubabfall der Böden im Oberen Karbon.

Ein heutiger Tausendfüßer ähnelt sehr dem fossilen Riesentausendfüßer *Acantherpestes*.

Gigantoscorpio, Karbon, Schottland

Rekonstruktion von *Arthropleura*

GÄRTNER

Der 1,80 m lange *Arthropleura* war ein Pflanzenfresser. Versteinerter Darminhalt dieses größten landlebenden Gliederfüßers beinhaltete holzige Pflanzenteile. Auf einem Beinglied wurden fossile Pollen gefunden. Sie zeigen, dass *Arthropleura* im Karbon zur Pollenverbreitung der Pflanzen beitrug (S. 52–53).

STEINERNER SKORPION

Die heutigen Skorpione werden kaum länger als 10 cm, einige fossile Exemplare aber erreichten 90 cm. Skorpione gehören zu den ältesten Spinnentieren, jener Gliederfüßerklasse, die auch Spinnen und Milben umfasst. Landlebende Spinnentiere atmen mit Fächerlungen (stark gefaltete Gewebeeinstülpungen). Alle heutigen Skorpione sind landlebende Räuber. *Gigantoscorpio* war mit seinem großen Schwanzstachel ein räuberisches Monster unter den Tieren des Karbons.

Ein heutiger Skorpion zeigt deutliche Ähnlichkeit mit *Gigantoscorpio*.

DEVON-SZENE
Als die Wirbeltiere im Devon (vor 416–359 Mio. Jahren) das Festland eroberten, war das Klima in vielen Teilen der Welt trocken. Die Vorfahren der Tetrapoden, die Quastenflosser, waren in flachen Seen und Flüssen häufig.

Auf allen vieren

Die ersten Amphibien, die das Wasser verließen und das Festland eroberten, hatten noch viele Fischmerkmale. Dazu gehörte auch der breite Fischschwanz. Diese plumpen Tetrapoden („Vierfüßer") stapften mit ihren kurzen Gliedmaßen in einen völlig neuen Lebensraum, in dem sie ohne Konkurrenz waren. Um an Land leben zu können, mussten die Tetrapoden Luft atmen können. Außerdem benötigten sie ein stützendes Skelett und Muskeln, die ihren Körper über das Land tragen konnten. Beine waren zur Fortbewegung an Land unerlässlich, und neueste Funde zeigen, dass sie schon im Wasser entstanden sind. Aber die Amphibien konnten sich nicht ganz aus ihrer Fischvergangenheit lösen: Ihre Haut hatte keinen Austrocknungsschutz und ihre Eier konnten sich nur im Wasser entwickeln. Auch heute noch sind die meisten Frösche, Kröten und Molche an feuchte Lebensräume gebunden.

LUNGENFISCH
Paläontologen wissen seit Langem, von welcher Fischgruppe die Tetrapoden abstammen: von den *Rhipidistia*, einer Quastenflosser-Gruppe. Mit ihnen sind die Lungenfische verwandt. *Neoceratodus* kommt etwa jede Stunde an die Oberfläche und atmet einen Mundvoll Luft. Seine Flossen benutzt er zu laufähnlicher Fortbewegung.

Dipterus valenciennesi (ein fossiler Lungenfisch), Devon, Schottland

Australischer Lungenfisch *Neoceratodus forsteri*

An *Tiktaalik* kann man den Übergang zwischen Fisch und Tetrapoden (Landwirbeltiere) studieren.

VIERBEINIGER FISCH
Tiktaalik ist ein Fisch mit vier Gliedmaßen und anderen Tetrapoden-Merkmalen. Das 2 m lange Tier lebte vor rund 375 Mio. Jahren. Schädel, Halswirbel, Rippen und Teile der Gliedmaßen glichen denen von Landwirbeltieren, während Kiefer, Flossen und Schuppen an Fische erinnern. Sehr gut erhaltene Fossilien wurden auf Ellesmere Island (Nordkanada) gefunden.

Diese Rekonstruktion von Ichthyostega *hat Schwimmfüße mit fünf Zehen. Heute meint man,* Ichthyostega *habe sieben Zehen gehabt.*

Fossiler Schädel von *Acanthostega*, Oberdevon, Grönland

Rekonstruktion von *Acanthostega*

FISCH AUF DEM TROCKENEN

Die 1952 entdeckten Fossilien von *Acanthostega* sind die ältesten Funde eines Tetrapoden. Das 1 m lange Tier hatte noch Kiemen und einen Fischschwanz und lebte, wie *Tiktaalik*, mehr im Wasser als auf dem Land. Die Fossilien der beiden Tiere zeigen, dass die Vierfüßigkeit schon im Wasser entstanden war und nicht erst auf dem Festland. *Acanthostega* hatte wahrscheinlich zwei Lungen, die mit Luft gefüllt wurden, wenn das Tier aus dem Wasser an das Ufer eines Sees oder Flusses kroch.

Unlängst entdeckter *Acanthostega*-Fund

Flache, paddelförmige Hintergliedmaßen von *Ichthyostega*, Oberdevon, Grönland

EINE HANDVOLL

Die übliche Zahl der Finger und Zehen ist fünf. *Ichthyostega* soll allerdings sieben Zehen an den Hinterfüßen gehabt haben, *Acanthostega* sogar acht an den Vorderfüßen.

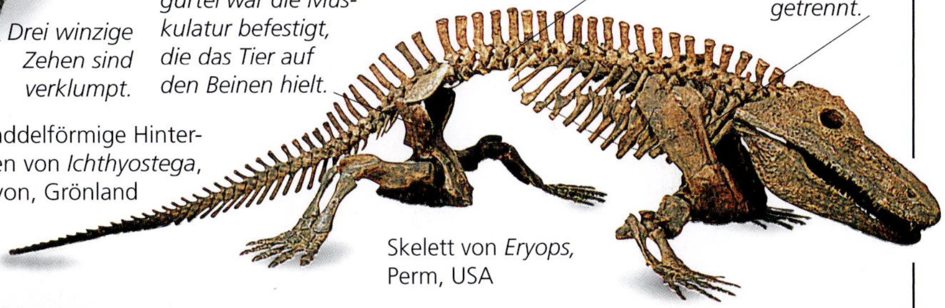

Skelett von *Eryops*, Perm, USA

WETTLAUF

Der breitschultrige, 2 m lange *Eryops* war ein plumper Läufer. Im flachen Maul trug er scharfe spitze Zähne, mit denen er nach Beute schnappte. 200 Mio. Jahre nachdem die ersten Amphibien an Land gekrochen waren, gab es eine Fülle von Arten. Aber auch für den großen *Eryops* hatte der Wettbewerb mit den sich ausbreitenden Reptilien begonnen.

Rekonstruktion von *Ichthyostega*, Oberdevon, Grönland

FUSS UND FLOSSE

Der 2 m lange *Ichthyostega*, einer der ersten Tetrapoden, lebte vor ungefähr 360 Mio. Jahren. Seine fossilen Überreste fand man ebenso wie die von *Acanthostega* in Grönland. Diese Rekonstruktion stellt *Ichthyostega* als fischähnliches Amphibium dar. Der Fischschwanz gab ihm im Wasser Vortrieb. An Land bewegte sich der Körper mit den gleichen wellenförmigen Bewegungen vorwärts. Mit spitzen Zähnen schnappte *Ichthyostega* seine Beute.*Übersetzung fehltÜbersetzung fehlt*

Sumpfwälder

Eine der Voraussetzungen für die Industrielle Revolution des 18. und 19. Jahrhunderts, die Kohlelager, entstanden vor 330 Millionen Jahren. Das Karbon war von warmem feuchtem Klima geprägt. In dieser Zeit waren weite Küstenlandstriche von riesigen Sümpfen mit dichten Wäldern bedeckt. Über Jahrmillionen wurden dicke Schichten abgestorbener Pflanzen abgelagert, die sich in Kohle umwandelten. In den Sumpfwäldern des Karbons standen Farne, 20 Meter hohe Schachtelhalme und riesige Bärlappbäume. Fossilien von Teilen des Schuppenbaums *Lepidodendron* fand man einzeln und benannte sie auch einzeln. Später puzzelte man aus den Einzelteilen die ganze Pflanze zusammen.

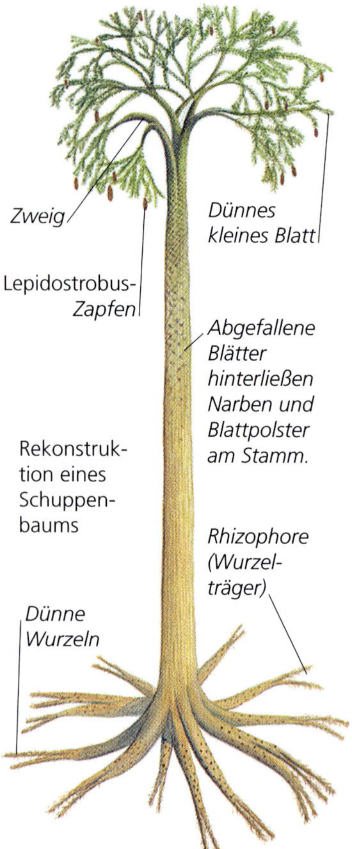

Rekonstruktion eines Schuppenbaums

QUERSCHNITT
Die Holzschicht der Schuppenbäume war dünner als bei heutigen Bäumen. Der größte Teil des Stammquerschnitts (bis 99 %) wurde von der korkähnlichen Rinde eingenommen, die dem Baum Stabilität gab.

Zapfen des Schuppenbaums, Karbon, Schottland

SPORENZAPFEN
Schuppenbäume vermehrten sich durch Sporen, die vom Wind verweht und vom Wasser weggespült wurden. Die Sporen wurden in 20 cm langen Zapfen (*Lepidostrobus*) gebildet, die an den Zweigspitzen hingen.

Rindenmuster von *Lepidodendron*, Karbon, Schottland

AUTOREIFENRING
Die Rinde des Schuppenbaums erinnert an das Profil eines Autoreifens. Sie besteht aus den Blattpolstern, die nach dem Blattfall sichtbar werden. Diese Blattpolster sind spiralig angeordnet und vom Stamm bis zu den Zweigspitzen in Größe und Form unterschiedlich. Das lässt auf verschiedenartige Blätter schließen.

Ast eines Schuppenbaums, Unterkarbon, England

ZERBRECHLICH
Schuppenbäume wuchsen schnell. In wenigen Jahren wurden sie über 50 m hoch. Solch große Bäume standen nicht im Schatten anderer Pflanzen, und ihre Blätter konnten ungestört die Sonnenenergie einfangen. Ihr Stamm enthielt aber nur wenig stabiles Holz, sodass die Bäume wahrscheinlich leicht umstürzten und die Schicht toter Pflanzen im Sumpf schnell wuchs.

VERZWEIGT
Diese beiden Äste wurden unter einer Lawine aus Sand und Wasser begraben und blieben erhalten. Die Äste des Schuppenbaums verzweigten sich dichotom, d. h., sie gabelten sich beim Wachstum, genau wie die Wurzeln. Die Äste waren zeitlebens von dünnen Blättchen bedeckt.

Stigmaria (Wurzelträger), Karbon, Schottland

PUZZLEBAUM
Die fossilen Teile des Schuppenbaums wurden getrennt gefunden und bezeichnet: die Rinde *Lepidodendron*, der Zapfen *Lepidostrobus* und die Wurzelträger *Stigmaria*. Den Wurzelträgern entsprangen viele kleine, spiralig angeordnete Wurzeln. Sie versorgten den Schuppenbaum mit Wasser und verankerten ihn im Sumpf.

Wie Steinkohle entsteht

Kohlelager entstanden vom Devon an in vielen geologischen Perioden, aber die Vorkommen aus dem Karbon sind die bekanntesten. Kohlesümpfe bildeten sich, wenn sich Pflanzenmaterial anhäufte und unter Sauerstoffausschluss Torf entstand. In ihm wurden viele Pflanzen und Tiere eingebettet und blieben bis heute fossil erhalten. Lediglich von Sauerstoff unabhängige Mikroorganismen konnten die Pflanzengewebe umwandeln, sie aber nicht völlig abbauen. Auf dem Torf wuchsen neue Pflanzen und sorgten für Nachschub. Bei Fluten wurde der Torf mit Sand und Schlamm bedeckt. Daraus entstanden Gesteinsschichten und darunter bei hohem Druck und hoher Temperatur Kohle.

SUMPF – TOT ODER LEBENDIG
Die Kohlesümpfe des Karbons mit abgestorbenen und grünen Pflanzen und einer Fülle von Tieren könnten so ausgesehen haben wie heute die Everglades in Florida. Gliederfüßer lebten in der Streu oder als Räuber, während Amphibien als große Beutegreifer in den Tümpeln Fische jagten.

Versteinerte Energie: ein Klumpen Kohle

VERSTEINERTE ENERGIE
Für die Industrielle Revolution lieferte Kohle die Energie: für Dampfmaschinen, die chemische Industrie und für den Transport. In vielen Ländern ruhen große Lager dieser Energie- und Rohstoffquelle in der Erde, sie sind ein bedeutender Wirtschaftsfaktor.

BEGRABENER BAUM
Sigillaria, der Siegelbaum, erreichte einen Durchmesser von über 1 m. Sein Stamm wuchs über 30 m hoch. Von einem oder zwei Ästen hingen in Büscheln grasartige Blätter herunter. In Kohleflözen fand man aufrechte Baumstümpfe. Sie zeigen, wie schnell die Sümpfe von Sedimenten bedeckt wurden.

Der abgebrochene Stumpf füllte sich mit Schlamm und blieb in Kohle und Gestein eingebettet erhalten.

Der natürliche Abguss trägt die Zeichnung vom Inneren des Stumpfs.

Der Wurzelträger leitet Wasser zum Stamm.

An den Wurzelträgern saßen Wurzeln, die in ihrer Gestalt den Blättern ähnelten.

Die Wurzelträger verankerten Lepidodendron *im sumpfigen Boden.*

Versteinerter Baumstumpf von *Lepidodendron*, Karbon, Schottland

HAIN AUS STEIN
Versteinerte Stämme und Wurzeln von *Lepidodendron* sind gar nicht so selten. Eine Gruppe von elf Exemplaren steht in einem Park in Glasgow. Dies sind nicht die versteinerten Pflanzen, sondern Gussformen von Stamm und Wurzeln. Der abgestorbene und abgebrochene Stumpf verfaulte, nur die widerstandsfähige äußere Schicht blieb erhalten. Mit einer sandigen Flut gelangten große Mengen feiner Sedimente in die hohlen Stümpfe und füllten sie bis in die Wurzeln. Nach dem Entfernen des umgebenden Gesteins sieht man jetzt die fossilen Abgüsse.

Reptilienzeit

Einige Amphibien können lange Zeit ohne Wasser überleben, aber um ihre Eier abzulegen, müssen auch sie ins Wasser zurückkehren. Bei Reptilien, Vögeln und Säugern schwimmt der Embryo in einer mit Flüssigkeit gefüllten Höhle. Wegen der Hülle dieser Höhle, dem Amnion, fasst man diese Tierklassen zu den Amnioten zusammen. Reptilien- und Vogeleier haben außerdem eine feste Schale. Die ersten Reptilien erschienen im Karbon. Ob sie noch wie Amphibien oder schon wie Eidechsen aussahen, ist unklar. Da die inneren Strukturen von Eiern fossil nicht erhalten sind, muss man Amphibien und Reptilien anhand von Skelettmerkmalen unterscheiden.

SONNENSEGEL
Dimetrodon, ein Pelycosaurier aus dem Perm, war ein Räuber und wurde bis zu 3 m lang. Auf dem Rücken trug das Tier ein Sonnensegel, mit dem es Wärme abstrahlen, aber auch Sonnenwärme tanken konnte.

SEGEL SETZEN
Edaphosaurus, ein pflanzenfressender Pelycosaurier, trug an langen Wirbelfortsätzen ebenfalls ein Hautsegel.

Dornfortsätze der Wirbel trugen das Hautsegel von *Edaphosaurus*, unteres Perm, USA.

ZUALLERERST
In einem kleinen Steinbruch im Herzen Schottlands fand man mit einem 20 cm langen Skelett eines der wichtigsten Fossilien, die bisher entdeckt wurden. Die zwischen Gestein zusammengedrückte, 338 Mio. Jahre alte *Westlothiana lizziae* ist das älteste bekannte Reptil.

Rekonstruktion von *Westlothiana lizziae* (Blick von oben) auf der Grundlage wissenschaftlicher Erkenntnisse und künstlerischer Vorstellung

KEINER VERSTEHT MICH
Westlothiana wurde im Gestein des Unterkarbon entdeckt. Es entstand in einem See, der von heißen vulkanischen Quellen gespeist wurde. Dort fand man auch Skelette von Amphibien, ebenso Spinnen, Skorpione und Tausendfüßer. Samenfarne wuchsen in der Nähe. *Westlothiana* war 30 cm lang, hatte einen langen Körper und kurze Beine. In einigen, aber nicht allen Merkmalen stimmt sie mit Reptilien überein. Es ist nicht verwunderlich, dass *Westlothiana* kaum von den Amphibienvorfahren zu unterscheiden ist.

Rekonstruktion von *Westlothiana lizziae*, dem ältesten bekannten Reptil, Unterkarbon, Schottland

Schädel, Wirbelsäule und Unterseite der Hintergliedmaßen von *Procolophon*, Untere Trias, Südafrika

GESCHLOSSENER SCHÄDEL
Urtümliche Kriechtiere, die Anapsiden (z. B. *Procolophon*), besaßen eine lückenlose Schädelkapsel hinter den Augenhöhlen. Weiterentwickelte Reptilien hatten ein oder zwei Schläfenfenster.

ZURÜCK INS WASSER
Einige Reptilien kehrten ins Wasser zurück. Mesosaurier wie *Stereosternum* gingen als erste Reptilien diesen Weg. Sie hatten einen Ruderschwanz und kräftige Hinterextremitäten.

Fossiles Skelett von *Stereosternum*, Unteres Perm, Brasilien

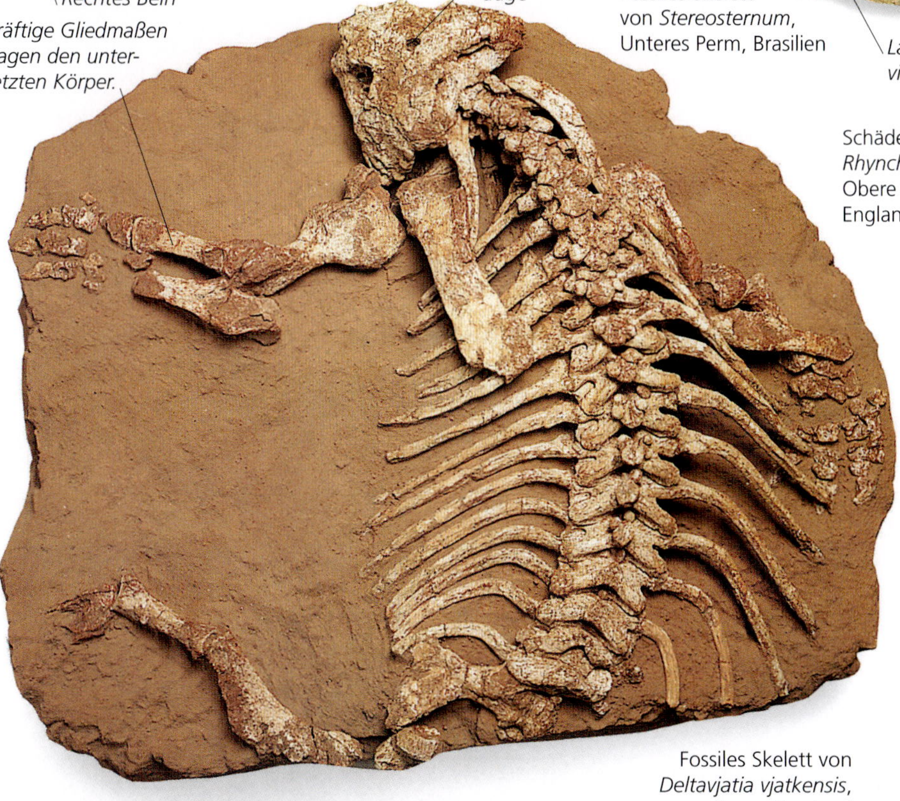

Fossiles Skelett von *Deltavjatia vjatkensis*, Perm, Russland

Schädel von *Rhynchosaurus*, Obere Trias, England

PFLANZENPFLUG
Der Hakenschnabel von *Rhynchosaurus* reichte über den Unterkiefer. Er diente dazu, Pflanzen aus dem Boden zu ziehen und abzureißen. Dicht gepackte Zähne im Unterkiefer standen einer bezahnten Grube im Oberkiefer gegenüber. Kräftige Muskeln schlossen die Kiefer. Die abgenutzten Zähne hinterließen einen scharfkantigen Kieferknochen. Das Tier lebte gleichzeitig mit krokodilähnlichen Phytosauriern wie z. B. *Belodon*.

Belodon, ein Phytosaurier der europäischen Trias

MODERNES FAHRGESTELL
In der zweiten Hälfte des Perms erschien mit den Pareiasauriern eine Gruppe anapsider, bis 3 m langer Reptilien. Pareiasaurier wie der russische *Deltavjatia* hatten kräftige Gliedmaßen, die nicht mehr seitlich abstanden, sondern unter den Körper rückten. Der Schädel trug Knochendornen und in die Haut eingebettete Knochenplatten. Pareiasaurier waren Pflanzenfresser, ihre Zähne erinnern an die heute lebender Eidechsen.

Reptilien und Säuger

Wenn man die Geschichte des Lebens nachzeichnet, geht man vor wie beim Verbinden von Punkten. Wenn die Punkte weit entfernt sind, erhält man eine lange Gerade. Die Entwicklung von Reptilien zu Säugern verlief alles andere als gerade. Reptiliengruppen erschienen und verschwanden wieder. Als Ahnengruppe der Säuger gelten die Cynodontia. Sie gehören zu den Therapsiden, reptilienartigen Tieren, die auch die Pelycosaurier (wie *Dimetrodon*) und die pflanzenfressenden Dicynodontia umfassen. Im Gegensatz zu Reptilien sind die Therapsiden synapsid, das heißt sie haben nur ein Schläfenfenster.

Schädel von *Lystrosaurus murrayi*, Untere Trias, Südafrika

Augenhöhle

Das Gelenk lässt auch Kieferbewegungen nach vorn und hinten zu.

Eckzahn

EINSCHNEIDEND

Lystrosaurus, in der Unteren Trias eines der verbreitetsten Reptilien, hatte außer zwei Eckzähnen keine Zähne. Als Dicynodontier besaß er einen hornigen Schnabel, der seine kurze Schnauze bedeckte. Dicynodontia waren Pflanzenfresser um Wurzeln und Stängel abzutrennen, konnten sie die Kiefer auch gegeneinander vor und zurück bewegen.

Schädel von *Dicynodon leoniceps* (Ansicht von oben), Oberes Perm, Tansania

Die Augenhöhle zeigt nach vorn.

Breite Backenknochen umschließen große Freiräume für Muskeln.

Kurzer, von Hornscheiden bedeckter Schnabel

MUSKELN AM KOPF

Dicynodon war im Oberen Perm sehr verbreitet. Von oben sieht sein 38 cm langer Schädel breit aus, v. a. die großen Backenknochen fallen auf. Die großen Freiräume in den Backenknochen waren mit Muskeln gefüllt, die die Schneidekiefer bewegten. Der schmale Schädel dazwischen endet in einem Kamm und vergrößert so den Muskelansatz. Die Dicynodontia waren die ersten großen Pflanzenfresser, sie bevölkerten die Erde 40 Mio. Jahre lang.

Dickes Schädeldach

Schädel von *Moschops*, Oberes Perm, Südafrika

DICKSCHÄDEL

Moschops war mit 5 m Länge einer der größten Therapsiden. Er wird der urtümlichen Gruppe der Dinocephalia zugerechnet, die aus dem Oberen Perm Russlands und Südafrikas bekannt ist. Mit längeren Vorder- als Hinterbeinen bewegte sich das schwergewichtige Tier breitbeinig vorwärts. Das Schädeldach bildeten 10 cm dicke Knochen. Vielleicht dienten die Schädel bei Kämpfen unter Artgenossen als Rammböcke.

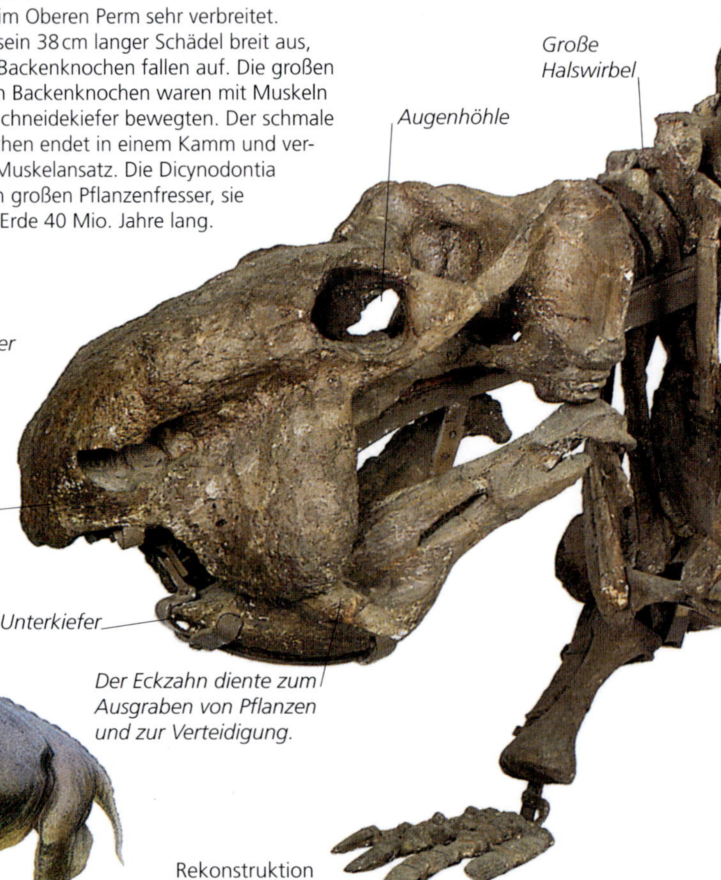

Große Halswirbel

Augenhöhle

Oberkiefer

Unterkiefer

Der Eckzahn diente zum Ausgraben von Pflanzen und zur Verteidigung.

Rekonstruktion des urtümlichen Therapsiden *Moschops*

Schädel von *Cynognathus crateronotus* Untere Trias, Südafrika (Karoo-Becken)

KNOCHEN ZUM KAUEN UND HÖREN
Veränderungen bei Zähnen, Kiefern und Ohren kennzeichnen die Entwicklung von Reptilien zu Säugern. Nur Säuger haben ein sekundäres Kiefergelenk, das ganz genaues Zubeißen ermöglicht. Bei der Bildung dieses Gelenks erhielten einige ehemalige Kiefergelenkknochen der Reptilien eine neue Funktion: aus dem Articulare wurde der Hammer, aus dem Quadratum der Amboss. Zusammen mit dem Steigbügel bilden sie die Gehörknöchelchen der Säuger.

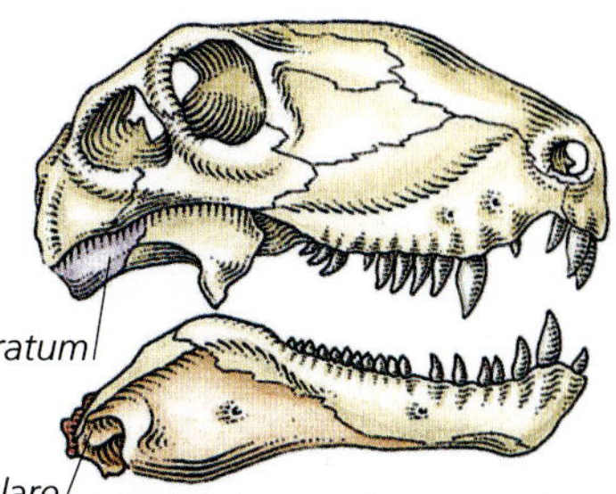

Schädel des Reptils *Dimetrodon*

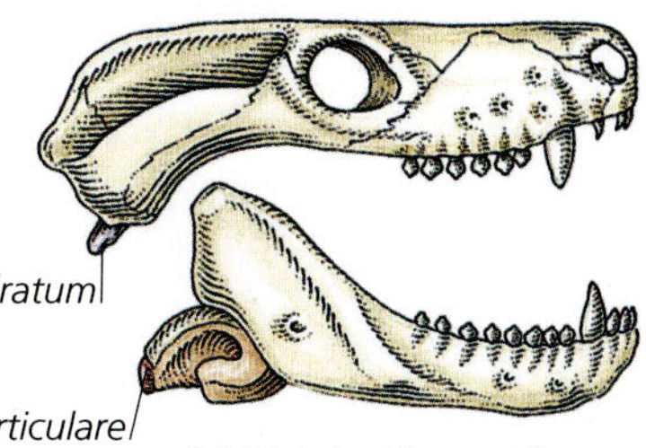

Schädel des Therapsiden *Thrinaxodon*

SÄUGERSCHNAUZE
Der bis zu 40 cm lange Schädel des räuberischen *Cynognathus* besitzt Merkmale, die die Cynodontia als Vorfahren der Säuger ausweisen. Therapsiden haben verschiedenartige Zähne: kleine Schneidezähne, große Eckzähne und breite Backenzähne. Im Gegensatz zu Reptilien haben Säuger nur zwei Zahngenerationen. Vielleicht hatten die Cynodontia der Unteren Trias einen Zahnwechsel wie die Säuger.

SÄUGERÄHNLICH
Die Cynodontia hatten zu Beginn der Trias viele Säugermerkmale erworben. Gruben im Oberkiefer des 50 cm langen *Thrinaxodon* deuten auf Spürhaare hin. Das Gaumendach ermöglichte im Gegensatz zu Reptilien gleichzeitiges Fressen und Atmen. Die Gliedmaßen rückten unter den Rumpf, sodass die Tiere schneller laufen konnten.

Rekonstruktion von *Thrinaxodon*, einem Cynodontia aus der Unteren Trias, Südafrikas

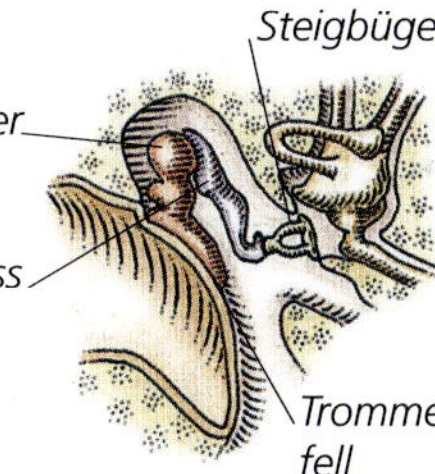

Säugerohr

TROCKENES BECKEN
Viele Therapsiden-Fossilien stammen aus dem südafrikanischen Karoo-Becken. Das Gestein dort besteht aus oftmals blutrotem Sandstein, von dem sich die weißen Knochenfossilien abheben. Dieser Teil der Erde war heiß und oft trocken. Das Gestein wurde zwischen dem Ende des Perms und dem Beginn des Jura abgelagert.

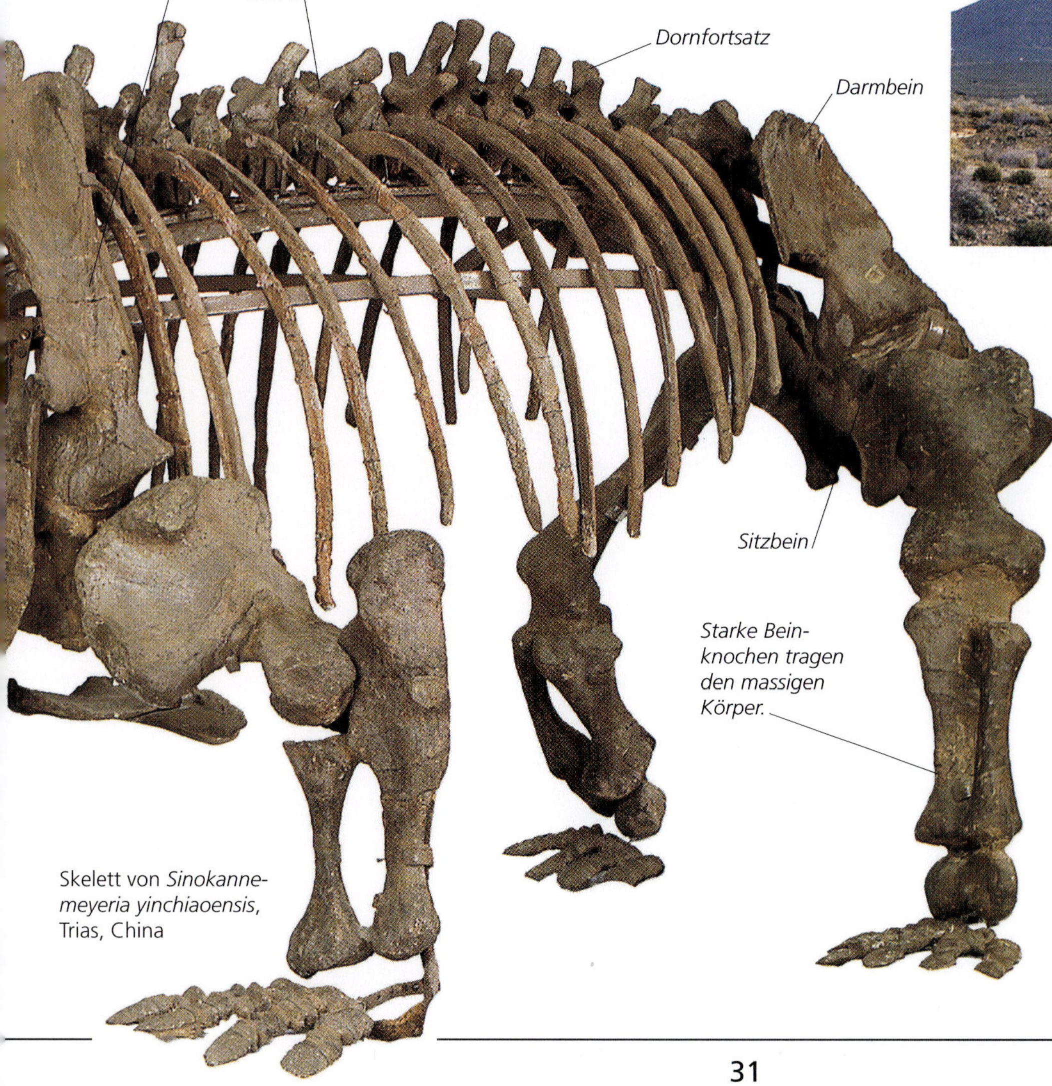

Skelett von *Sinokannemeyeria yinchiaoensis*, Trias, China

SCHWERGEWICHT
Sinokannemeyeria war ein etwa schweinegroßer Dicynodontia aus der Unteren Trias Chinas. Die lange Schnauze war von einem scharfen Hornschnabel umhüllt und trug vielleicht ein empfindliches Riechorgan. Hinter den Augen befand sich ein niedriger Kamm als Muskelansatz. Dicynodontia waren träge Tiere. Die gespreizten Vordergliedmaßen und die starken Ellbogen waren mit kräftigen Muskeln überzogen, die das Tier trugen. Die Hinterbeine drehten sich nach innen, wenn sie das Tier mit großen Schritten vorwärtsschoben.

Die Zeit der Dinosaurier

Gewaltige Räuber, Rudeljäger, große und kleine Pflanzenfresser – die Dinosaurier prägen ganz wesentlich unser Bild vom Leben in der Urzeit. Kino, Fernsehen, Bücher, sogar Lebensmittelverpackungen und natürlich Spielzeughersteller nutzen ihre Beliebtheit. Man unterteilt diese Tiere in zwei Gruppen: die Saurischier (Echsenbeckensaurier) und die Ornithischier (Vogelbeckensaurier). Aus den 160 Millionen Jahren, in denen sie die Erde beherrschten, geben Fossilien Aufschluss über ihre Lebensweise. Viele Fragen sind allerdings immer noch offen. Dinosaurier erschienen vor 230 Millionen Jahren und beherrschten bald das Leben auf dem Festland. Aber trotz ihrer Anpassung an viele Lebensräume starben sie vor 65 Millionen Jahren wieder aus.

Schädel von *Eoraptor*, vor 228 Mio. Jahren, Argentinien

URAHN
Eoraptor gilt heute als der älteste Dinosaurier. Er wurde 1992 in Argentinien entdeckt. Dieser kleine, 228 Mio. Jahre alte Dinosaurier war ein beachtlicher Räuber – der erste in einer Reihe furchtbarer Raubsaurier.

Rekonstruktion des 3 m langen *Herrerasaurus*, vor 228 Mio. Jahren, Argentinien

PROBLEMFALL
Der ebenfalls argentinische *Herrerasaurus* wurde als Therosaurier beschrieben (zweibeinige, räuberische Echsenbeckensaurier). Paläontologen stritten, ob er zu den ursprünglichsten Theropoden oder zu primitiven Saurischiern gehörte, die sich entwickelten, bevor sich Erstere vom restlichen Stammbaum der Dinosaurier abspalteten.

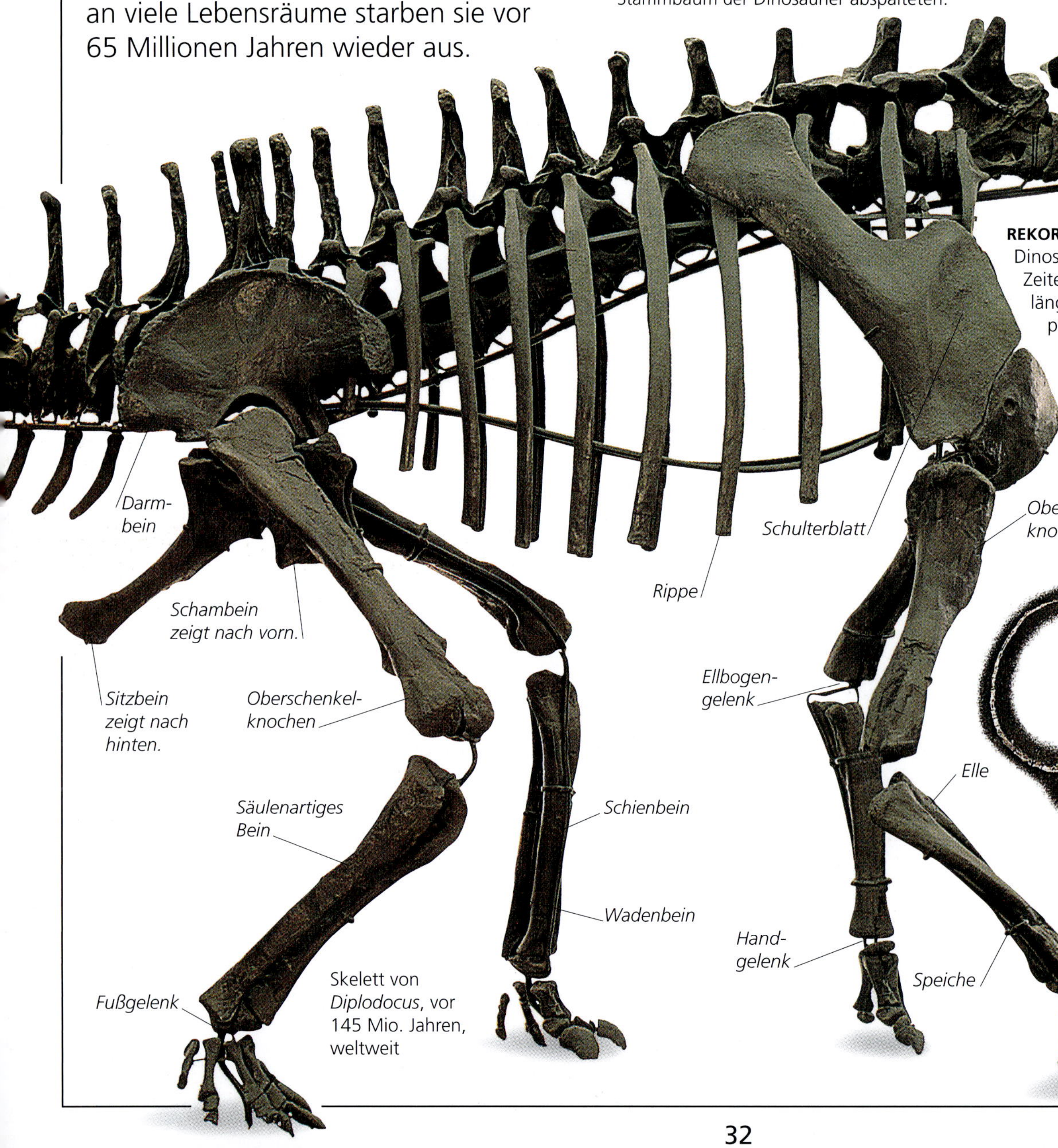

Skelett von *Diplodocus*, vor 145 Mio. Jahren, weltweit

REKORDRIESE
Dinosaurier waren die größten Landtiere aller Zeiten. Mit 27 m war *Diplodocus* einer der längsten. Er war ein riesiger vierbeiniger, pflanzenfressender Sauropode mit langem Hals und Schwanz. Die Sauropoden gehören zu den Echsenbeckensauriern, bei denen das Schambein nach vorn und das Sitzbein nach hinten zeigt.

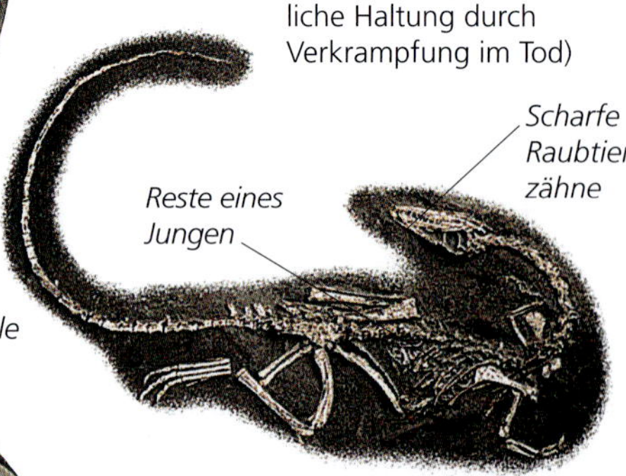

Skelett des 3 m langen *Coelophysis* (unnatürliche Haltung durch Verkrampfung im Tod)

DINOSAURIER-FRIEDHOF
Coelophysis aus der Oberen Trias war ein schlanker Räuber. In New Mexico (USA) fand man mehr als 100 Skelette einer verunglückten Herde. Vielleicht begrub eine plötzliche Überschwemmung die Gruppe der jagenden Tiere.

Rekonstruktion des 4 m langen *Ornithosuchus*, Obere Trias, Schottland

VERWANDTER
Ornithosuchus aus der Oberen Trias Schottlands war kein Dinosaurier. Er gehört zu den Thecodontia, die mit den Schildkröten, Krokodilen, Dinosauriern und Flugsauriern als Archosaurier zusammengefasst werden. Tatsächlich ist *Ornithosuchus* eng mit den Krokodilen verwandt. Aus dieser Gruppe entstanden auch Vögel. *Ornithosuchus* lebte räuberisch. Im schnellen Lauf erhob er sich auf die Hinterbeine. Dieser Ahne aller Archosaurier ging vermutlich aufrecht, und man nimmt an, dass die Dinosaurier ihren Gang von ihnen geerbt haben.

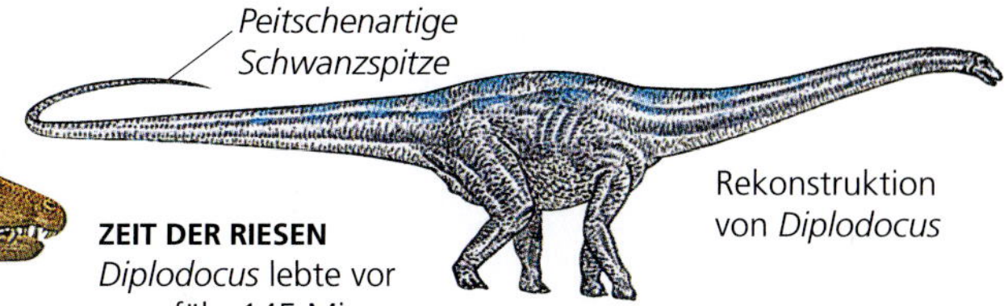

Rekonstruktion von *Diplodocus*

ZEIT DER RIESEN
Diplodocus lebte vor ungefähr 145 Mio. Jahren, gegen Ende des Jura. Für den Jura sind große pflanzenfressende Sauropoden charakteristisch. Ihre Fossilien hat man weltweit gefunden.

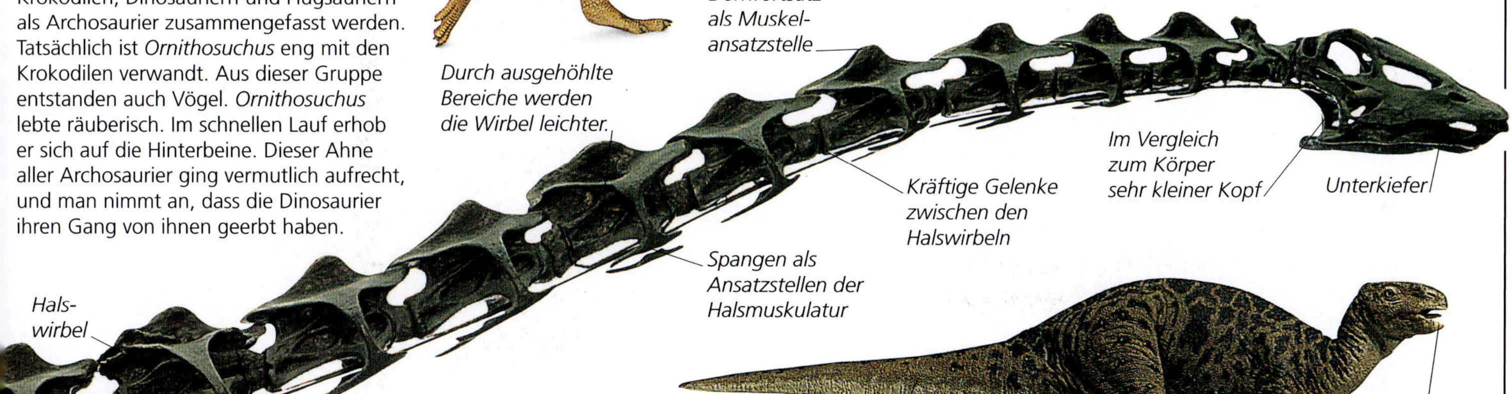

Rekonstruktion des 9 m langen *Iguanodon*, vor 140–110 Mio. Jahren, Europa und USA

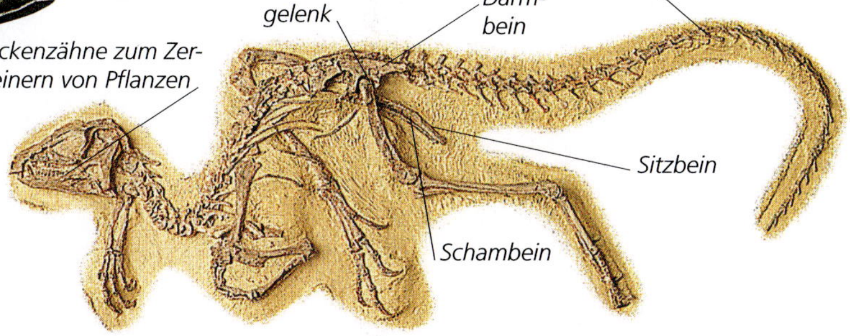

Fossiles Skelett des 1,2 m langen *Heterodontosaurus*, vor 205 Mio. Jahren, Südafrika

ZÄHNE ZEIGEN
Heterodontosaurus war einer der kleinsten und ältesten Ornithischier. Er lebte vor etwa 205 Mio. Jahren. Im Gegensatz zu anderen Dinosauriern hatte er drei Zahntypen: Backenzähne zum Zermahlen der Nahrung, Schneidezähne und Eckzähne.

VOGELBECKEN
Bei den Vogelbeckensauriern (Ornithischier) zeigen Scham- und Sitzbein nach hinten unten. Manchmal zeigt noch ein Schambeinfortsatz nach vorn. Alle waren Pflanzenfresser mit Schnabel. *Iguanodon* gehört zu den bekanntesten und besterforschten. Er konnte auf zwei Beinen laufen, sein Gewicht aber auch auf alle viere verteilen.

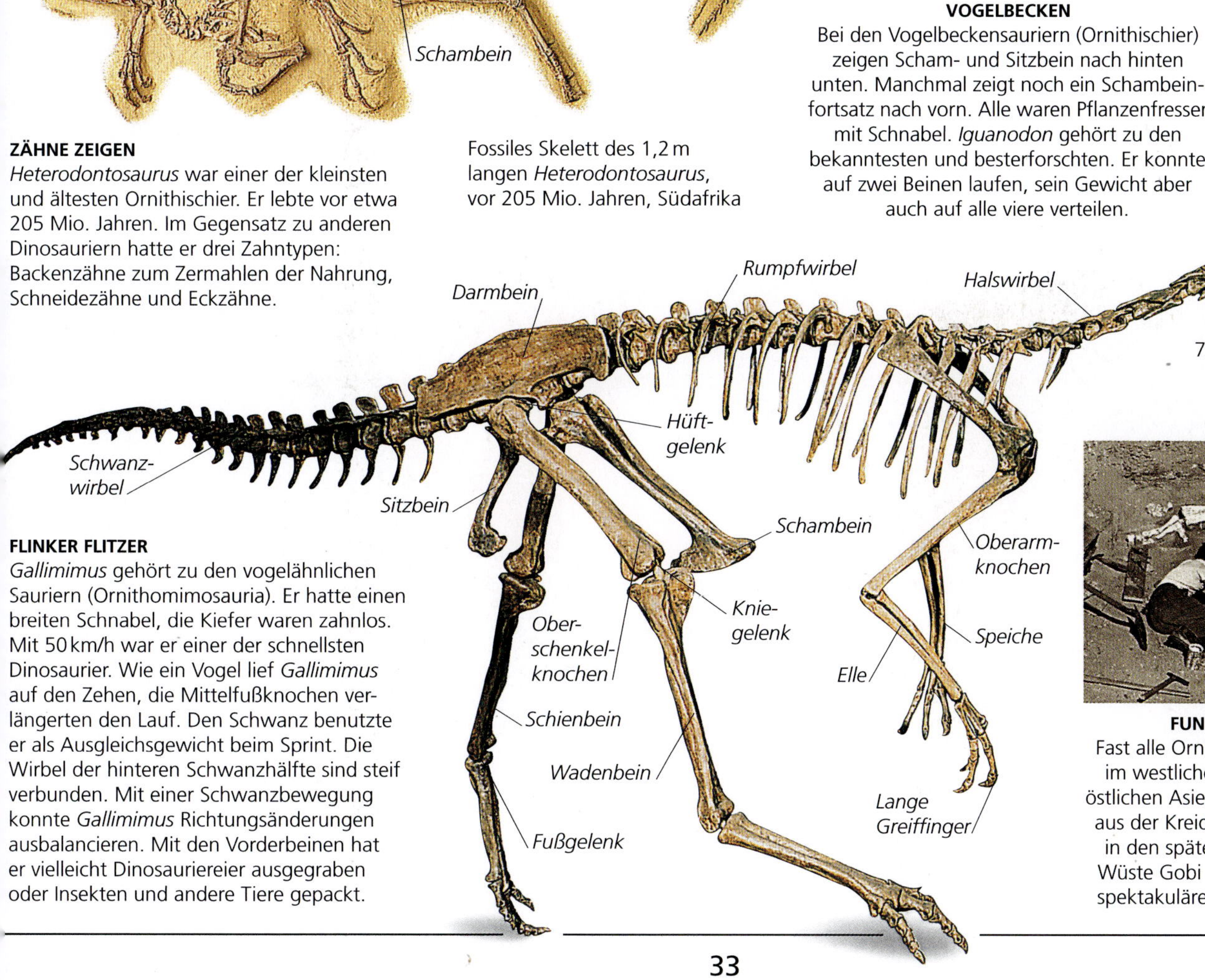

Skelett des 6 m langen *Gallimimus*, vor 73 Mio. Jahren, Mongolei

FLINKER FLITZER
Gallimimus gehört zu den vogelähnlichen Sauriern (Ornithomimosauria). Er hatte einen breiten Schnabel, die Kiefer waren zahnlos. Mit 50 km/h war er einer der schnellsten Dinosaurier. Wie ein Vogel lief *Gallimimus* auf den Zehen, die Mittelfußknochen verlängerten den Lauf. Den Schwanz benutzte er als Ausgleichsgewicht beim Sprint. Die Wirbel der hinteren Schwanzhälfte sind steif verbunden. Mit einer Schwanzbewegung konnte *Gallimimus* Richtungsänderungen ausbalancieren. Mit den Vorderbeinen hat er vielleicht Dinosauriereier ausgegraben oder Insekten und andere Tiere gepackt.

FUND IN DER WÜSTE
Fast alle Ornithomimosaurier wurden im westlichen Nordamerika und im östlichen Asien gefunden. Sie stammen aus der Kreidezeit. *Gallimimus* wurde in den späten 1960er-Jahren in der Wüste Gobi entdeckt, aus der einige spektakuläre Saurierfunde stammen.

Saurischier

Die Dinosaurier sind längst ausgestorben. Knochen, Zähne, Eischalen, Fuß- und Hautabdrücke sind alles, was sie hinterlassen haben. Wissenschaftler versuchen, anhand dieser Merkmale Verwandtschaftsgruppen zu bilden. So können sich die Zahl der Zehenknochen oder die Anordnung der Schädelknochen unterscheiden. Spezielle Merkmale, die sonst bei keiner Gruppe auftreten, können eine Familie charakterisieren. Die Ordnung der Saurischier (Echsenbeckensaurier) teilt man in zwei Unterordnungen ein: die fleischfressenden Theropoden (wie *Allosaurus*) und die pflanzenfressenden Sauropoden (wie *Camarasaurus*).

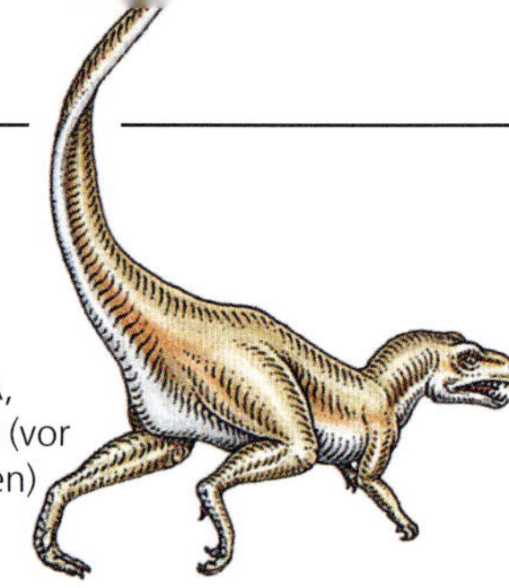

Rekonstruktion von *Allosaurus*, einem großen zweibeinigen Räuber aus dem Westen der USA, Australien und Tansania (vor 156–145 Mio. Jahren)

Skelett von *Tyrannosaurus rex*, vor 68–65 Mio. Jahren, USA und Kanada

TYRANNENECHSEN

Ob er ein jagendes Raubtier war oder sich mehr von Kadavern toter Dinosaurier ernährt hat, jedenfalls war *Tyrannosaurus rex* ein Furcht einflößendes Wesen. *T. rex* und mehr als 20 weitere Arten bildeten die Gruppe der Tyrannosaurier, die sich vor etwa 167 Mio. Jahren begannen, sich zu entwickelten und den Vögeln nahestehen. Zur Größe von *T. rex* gelangten Tyrannosaurier erst in den letzten 20 Mio. Jahren vor ihrem Aussterben. Vorher wurden sie kaum größer als ein Mensch.

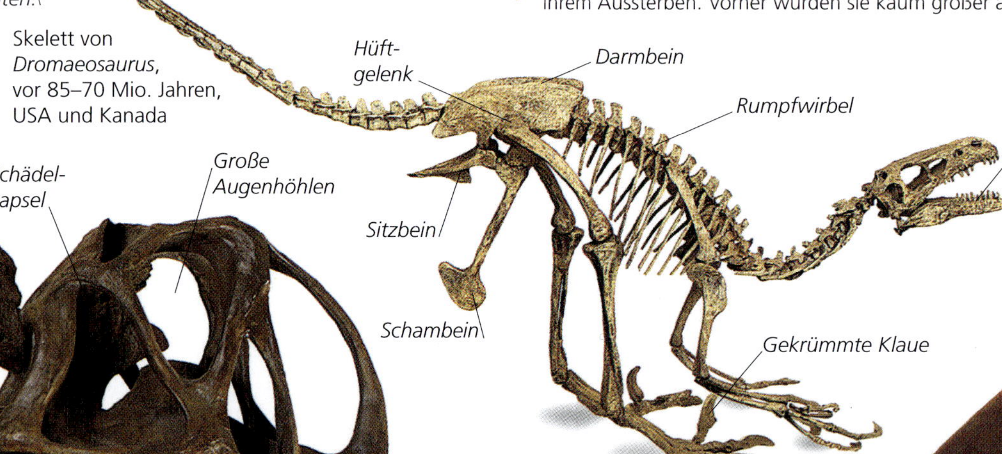

Skelett von *Dromaeosaurus*, vor 85–70 Mio. Jahren, USA und Kanada

NICHT DUMM

Dromaeosaurus war an eine räuberische Lebensweise angepasst. Scharfe Zähne zerfleischten die Beute, die er mit langen Fingern festhielt. Am Fuß trug er sichelförmige Krallen. Ein steifer Schwanz balancierte Bewegungsänderungen aus. Sein Schädel deutet auf ein großes Gehirn hin.

Schädel von *Camarasaurus*, vor 155–150 Mio. Jahren, USA, Portugal

ESSLÖFFEL

Mit 18 m Länge war *Camarasaurus* nicht der größte Sauropode, dennoch musste er einen gewaltigen Körper ernähren. Die großen Kiefer trugen scharfkantige löffelartige Zähne. *Camarasaurus* muss fast den ganzen Tag Blätter und Zweige abgerissen und in seinem Maul, das größer war als das der meisten Sauropoden, zerkaut haben. Sein Schädel hatte eine kurze Schnauze und zwei große Nasenlöcher vor den kleinen Augen.

KAUMAGEN

Die riesigen Sauropoden hatten einen Riesenappetit, aber ihre Köpfe waren zu klein für sorgfältiges Kauen. Auch ihre Zähne waren nicht zum Zermahlen von Pflanzen geeignet. Sie waren zinkenförmig, um Blätter aus den Zweigen zu harken, oder meißelförmig (rechts), um Blätter abzuschneiden. Der Nahrungsaufschluss erfolgte im muskulösen Magen mithilfe von Magensteinen und Bakterien.

VORLÄUFER
Bevor die Sauropoden erschienen, hinterließ eine frühere Gruppe kleinerer Echsenbeckensaurier in der Oberen Trias vor 230 Mio. Jahren ihre Spuren. Die Prosauropoden erreichten nur etwa 10 m Länge, viele hatten kleine Köpfe an langen Hälsen. *Plateosaurus* konnte sich auf die Hinterbeine stellen, lief aber normalerweise auf allen vieren. Alle Füße hatten fünf Zehen. Die Zähne erinnern an die Pflanzenfresserzähne heutiger Eidechsen.

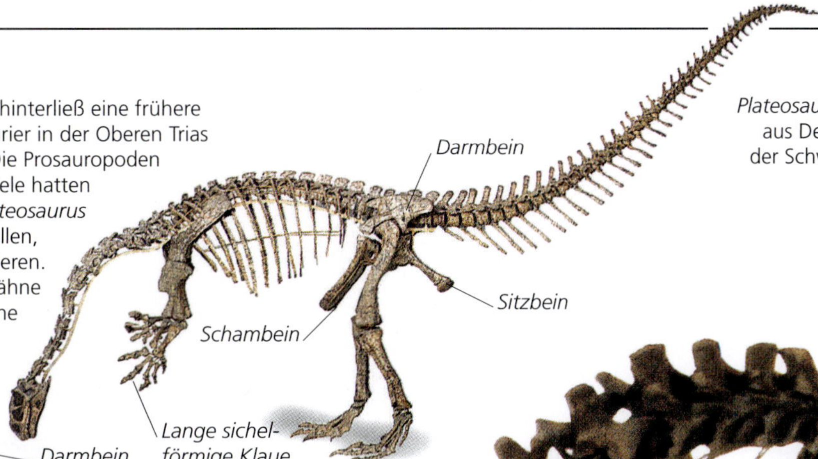

Skelett des 6–8 m langen *Plateosaurus*, eines Pflanzenfressers aus Deutschland, Frankreich und der Schweiz (vor 220 Mio. Jahren)

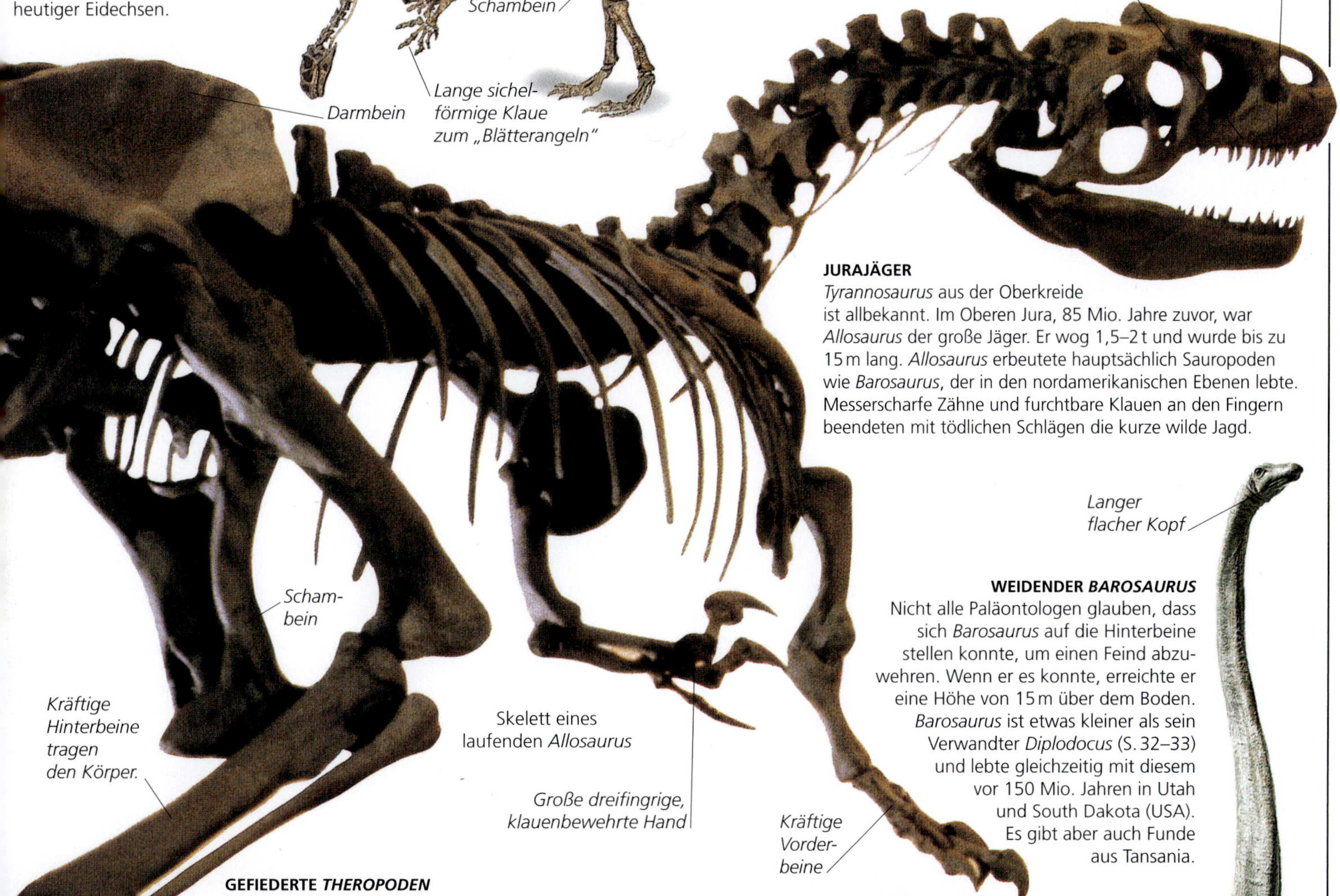

Skelett eines laufenden *Allosaurus*

JURAJÄGER
Tyrannosaurus aus der Oberkreide ist allbekannt. Im Oberen Jura, 85 Mio. Jahre zuvor, war *Allosaurus* der große Jäger. Er wog 1,5–2 t und wurde bis zu 15 m lang. *Allosaurus* erbeutete hauptsächlich Sauropoden wie *Barosaurus*, der in den nordamerikanischen Ebenen lebte. Messerscharfe Zähne und furchtbare Klauen an den Fingern beendeten mit tödlichen Schlägen die kurze wilde Jagd.

WEIDENDER *BAROSAURUS*
Nicht alle Paläontologen glauben, dass sich *Barosaurus* auf die Hinterbeine stellen konnte, um einen Feind abzuwehren. Wenn er es konnte, erreichte er eine Höhe von 15 m über dem Boden. *Barosaurus* ist etwas kleiner als sein Verwandter *Diplodocus* (S. 32–33) und lebte gleichzeitig mit diesem vor 150 Mio. Jahren in Utah und South Dakota (USA). Es gibt aber auch Funde aus Tansania.

Rekonstruktion des 23 bis 27 m langen *Barosaurus*, vor 150 Mio. Jahren, USA und Tansania

GEFIEDERTE *THEROPODEN*
Heute glauben die Paläontologen, dass die meisten – wenn nicht alle – Theropoden Federn trugen. In der Wüste Gobi (Mongolei) fand man mehrere *Citipati*-Fossilien, die einen kurzen Schnabel ohne richtige Zähne aufwiesen. *Citipati* zählte zu der Gruppe der Oviraptoriden, die nach dem namengebenden *Oviraptor* („Eierdieb") genannt wurden. Dieses Tier war Allesfresser und brütete auf Eiern, die es mit ausgebreiteten Flügeln wärmte.

Nachbildung eines *Citipati*, Mongolei

Ornithischier

Ornithischier (Vogelbeckensaurier) hatten viele gemeinsame Merkmale. Ob groß oder klein – alle waren Pflanzenfresser und ernährten sich von Blättern, Früchten, Samen und sogar Koniferennadeln. Ihre Zähne waren zum Zerschneiden und Zermahlen der Nahrung gebaut, allerdings besaßen sie keine Schneidezähne, sondern einen scharfkantigen Schnabel. Alle Ornithischier hatten als einzige Reptilien einen „Kinnknochen" (das Prädentale) vorn am Unterkiefer. Viele Vogelbeckensaurier, so auch die Hadrosaurier, waren Zweibeiner: Sie liefen nur auf den Hinterbeinen. Die Dornfortsätze der Wirbelsäule waren durch ein knöchernes Gitterwerk miteinander verbunden.

Rekonstruktion des 2,4 m langen *Stegoceras*, dessen Fossilien in Alberta und Montana in Nordamerika gefunden wurden (87–67 Mio. Jahre alt)

DICKKOPFECHSEN
Stegoceras wurde 1902 entdeckt. Mit leichtem Körper und schwerem Kopf gehört er zu den pflanzenfressenden Dickkopfechsen, den Pachycephalosauriern. Das älteste Tier dieser Gruppe stammt aus der Unterkreide, die meisten Vertreter lebten in der Oberkreide und wurden in Nordamerika gefunden. Die Dickkopfechsen waren Zweibeiner. Mit fast waagerechtem Körper liefen sie nur auf den kräftigen Hinterbeinen.

Fossiles Skelett des 10 m langen *Parasaurolophus*, vor 75 Mio. Jahren, Nordamerika

HORNBLÄSER
Parasaurolophus gehörte zu den Hadrosauriern, einer Gruppe großer pflanzenfressender Ornithischier aus der Oberkreide. Hadrosaurier hatten breite flache Schnäbel, ihre Kiefer waren mit Hunderten von Zähnen bestückt. Die Mahlflächen der Zahnreihen rieben gegeneinander, wenn die Tiere die Kiefer bewegten, und zermalmten die Pflanzen zu Brei.

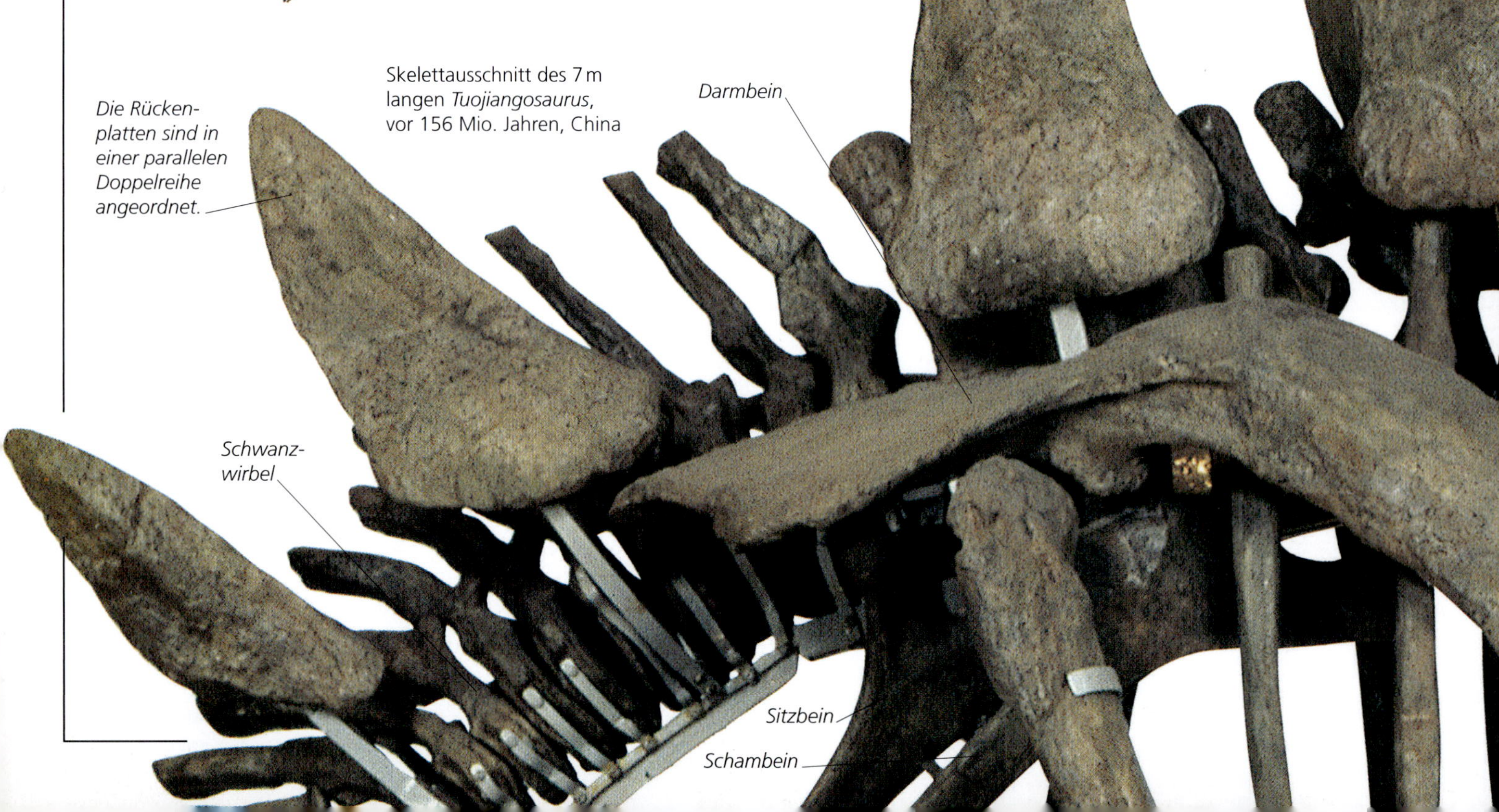

Skelettausschnitt des 7 m langen *Tuojiangosaurus*, vor 156 Mio. Jahren, China

Rekonstruktion des schnellen, 2,3 m langen *Hypsilophodon*, vor 120 Mio. Jahren, Europa und Nordamerika

SPRINTER

Hypsilophodon war einer der kleinsten pflanzenfressenden Ornithischier. Er gehört zu den Vogelfußsauriern, die sich über Landbrücken nach Australien, Europa, Nordamerika und China ausbreiteten. Früher hielt man die Beine für Kletterbeine, aber *Hypsilophodon* war ein schneller Läufer und benutzte sie zur Flucht vor Feinden.

HORNSAURIER

Die Hornsaurier (Ceratopsier) hatten die größten Köpfe unter den Dinosauriern. Hörner auf der Schnauze und über den Augen und ein großer, mit Knochenhöckern besetzter Nackenschild schreckten Feinde ab. Die Ceratopsier besaßen zudem einen besonderen Knochen an der Spitze des Papageienschnabels. Mit dem Schnabel rissen sie Pflanzen ab, die sie mit kräftigen bezahnten Kiefern zerkleinerten. Die Horndinosaurier lebten am Ende der Kreidezeit.

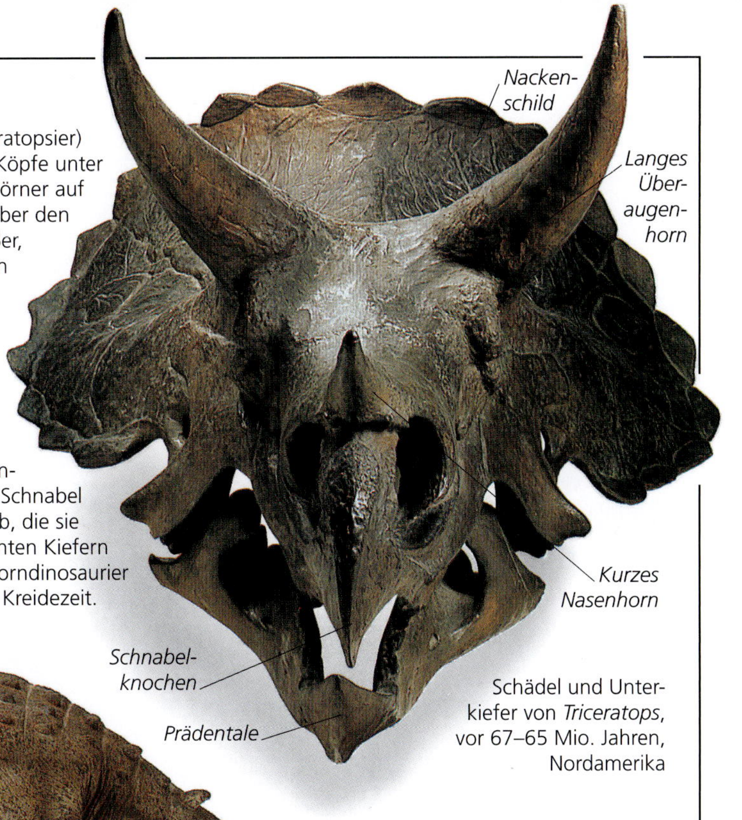

Schädel und Unterkiefer von *Triceratops*, vor 67–65 Mio. Jahren, Nordamerika

PANZERDINOSAURIER

Euoplocephalus, ein Pflanzenfresser, schleppte sich schwerfällig auf allen vieren dahin. Wie alle Ancylosaurier hatte er zum Schutz viele Knochenplatten und kurze Dornen am Rücken und verteidigte sich mit einer Knochenkeule am Schwanzende. Die Ancylosaurier erschienen vor etwa 188 Mio. Jahren und gehörten zu den letzten Sauriern.

Rekonstruktion des gut geschützten, 7 m langen *Euoplocephalus*, vor 70 Mio. Jahren, Nordamerika

STACHELDINOSAURIER

Knochenplatten am Rücken kennzeichnen die Stegosaurier. Zwei Plattenreihen ziehen sich vom Nacken bis zum Schwanz, der mit scharfen Knochendornen endet. Der letzte Stegosaurier stammt aus der Oberkreide Indiens (vor etwa 88 Mio. Jahren), die meisten Fossilien kommen aber aus dem Oberen Jura (vor 157–145 Mio. Jahren). Der vierbeinige Pflanzenfresser *Tuojiangosaurus* aus China hatte große schmale, dornartige Rückenplatten.

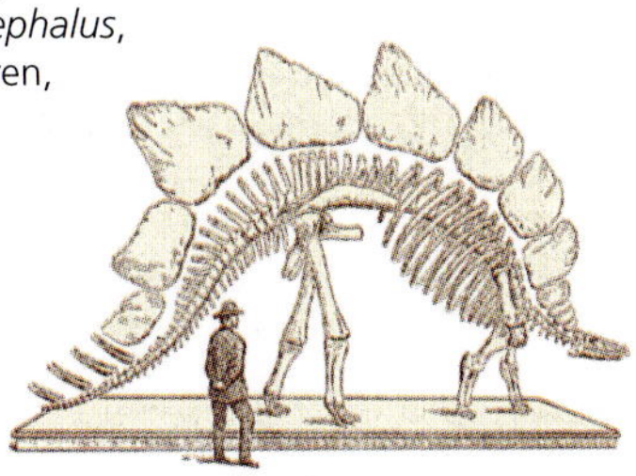

BERÜHMTER AMERIKANER

Der *Stegosaurus*, gefunden in Wyoming, Colorado und Utah (USA), ist vielleicht der berühmteste Stacheldinosaurier. Auf dem Rücken des 9 m langen, bis 2 t schweren Tiers standen zwei Reihen von bis zu 60 cm hohen Knochenplatten. Der vor 150 Mio. Jahren lebende Pflanzenfresser fraß niedrige Pflanzen, die er mit kleinen gesägten Zähnen zerkaute.

Meeresechsen

Nachdem sie über 80 Millionen Jahre auf dem Festland gelebt hatten, eroberten verschiedene Reptiliengruppen unabhängig voneinander wieder das Meer. Perfekt an den neuen Lebensraum angepasst, beherrschten sie als Räuber die Meere des Erdmittelalters. Aber als Lungenatmer mussten sie immer wieder an die Oberfläche kommen, um die Atemgase auszutauschen. Allerdings waren ihre Atemtechnik und auch ihre Sinneswelt an den Lebensraum Meer angepasst. Aus den Laufbeinen wurden Flossen zum „Fliegen" oder Rudern unter Wasser. Einige von diesen Reptilien, zum Beispiel die Schildkröten, schleppten sich zur Eiablage an Land, denn im Wasser wären die Jungen im Ei ertrunken. Die Fischsaurier (Ichthyosaurier) waren ausschließlich an den Lebensraum Meer gebunden. Sie brachten lebende Junge zur Welt.

SAMMLUNG
Mary Anning (1799–1847) sammelte bei Lyme Regis an der englischen Südküste Fossilien. Die Klippen dort sind reich an Fossilien aus dem Jura. Sie soll im Alter von 11 Jahren ihr erstes Ichthyosaurier-Fossil gefunden haben. Die Fundstücke von Mary Anning sind heute in vielen Museen zu sehen.

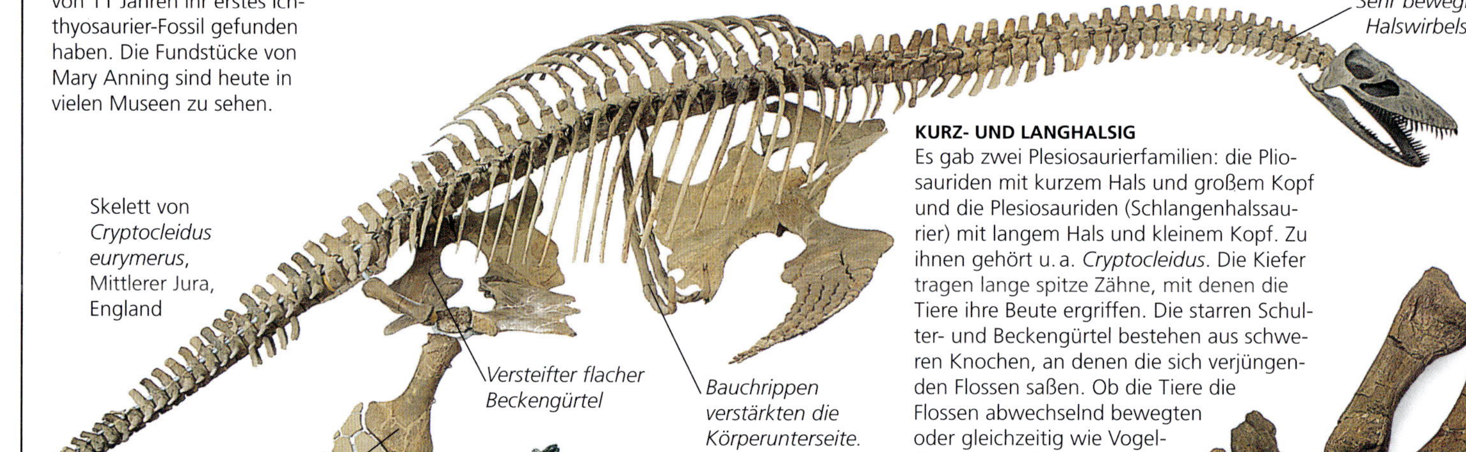

Skelett von *Cryptocleidus eurymerus*, Mittlerer Jura, England

KURZ- UND LANGHALSIG
Es gab zwei Plesiosaurierfamilien: die Pliosauriden mit kurzem Hals und großem Kopf und die Plesiosauriden (Schlangenhalssaurier) mit langem Hals und kleinem Kopf. Zu ihnen gehört u. a. *Cryptocleidus*. Die Kiefer tragen lange spitze Zähne, mit denen die Tiere ihre Beute ergriffen. Die starren Schulter- und Beckengürtel bestehen aus schweren Knochen, an denen die sich verjüngenden Flossen saßen. Ob die Tiere die Flossen abwechselnd bewegten oder gleichzeitig wie Vogelflügel, ist noch ungeklärt.

ALLGEGENWÄRTIG
Zwar ist diese Szene sehr fantasievoll gestaltet, doch beherrschten die Reptilien im Erdmittelalter tatsächlich alle Lebensräume. Die großen Meeressaurier fraßen andere Echsen, kleinere Fische oder Tintenfische und andere Weichtiere. Nur Schildkröten und Krokodile haben das große Aussterben überlebt.

Hinterflosse von *Protostega gigas*, einer urtümlichen Schildkröte

Stenopterygius quadricissus, Unterer Jura, Deutschland

STROMLINIENFORM
Der erhaltene Abdruck der Haut zeigt die Umrisse von *Stenopterygius* und lässt die vollendete Anpassung der Fischsaurier an das Leben im Meer erkennen. Ihr stromlinienförmiger Körper wurde von der wie bei Haien senkrecht stehenden Schwanzflosse durchs Wasser getrieben, die Brustflossen dienten zum Lenken. Die lange, bezahnte Schnauze erinnert an einen Delfin. Vielleicht haben sich die Fischsaurier nicht nur wie Delfine von Fischen und Tintenfischen ernährt, sondern auch ebenso elegante Luftsprünge gemacht.

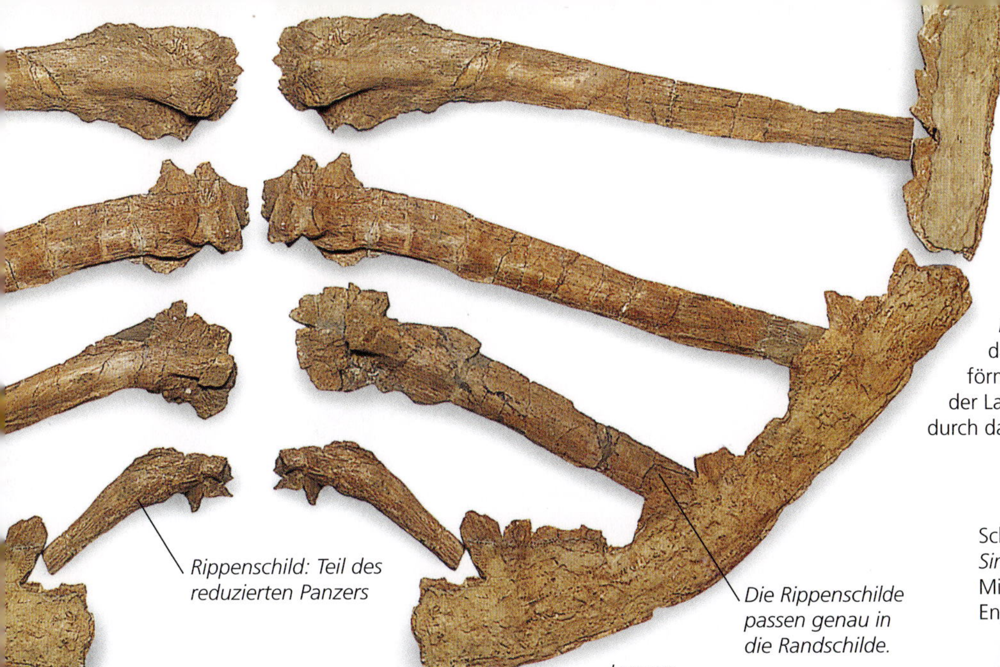

GEWICHTSVERLUST

Das Skelett von *Protostega* zeigt, wie diese Riesenschildkröten das Gewicht ihres Panzers verringert haben. Die meisten Schildkröten haben einen Panzer, der von den Rippenplatten und anderen Knochen gebildet wird. Diese Knochenkapsel wird von großen Hornschilden bedeckt. Der Panzer der 1,2 m langen *Protostega* ist auf einen Rahmen reduziert und damit wesentlich leichter. Mit großen paddelförmigen Hinterbeinen, deren Knochen denen der Landwirbeltiere entsprechen, ruderte *Protostega* durch das nordamerikanische Kreidemeer.

Schädel von *Simolestes vorax*, Mittlerer Jura, England

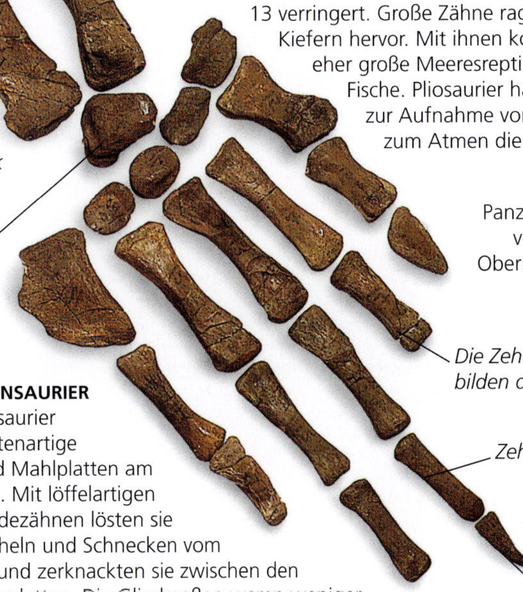

GROSSER COUSIN

Pliosaurier wie *Simolestes* waren mit den Plesiosauriern verwandt. Sie hatten einen kurzen Hals und einen großen, bis 3 m langen Kopf. Die Zahl der Halswirbel war bis auf 13 verringert. Große Zähne ragten aus den mächtigen Kiefern hervor. Mit ihnen konnten die Pliosaurier eher große Meeresreptilien erbeuten als kleine Fische. Pliosaurier hatten Nasenlöcher, die zur Aufnahme von Gerüchen und kaum zum Atmen dienten.

Panzer und Hinterflossen von *Protostega gigas*, Oberkreide, Kansas (USA)

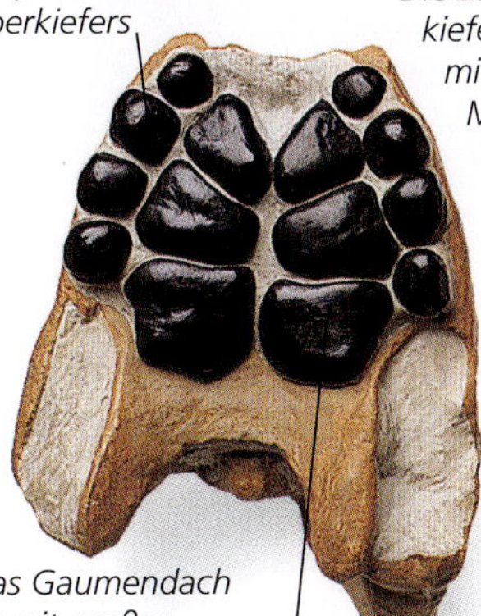

Ober- und Unterkiefer von *Placodus gigas*, Trias, Deutschland

PFLASTERZAHNSAURIER

Pflasterzahnsaurier hatten plattenartige Zähne und Mahlplatten am Gaumen. Mit löffelartigen Schneidezähnen lösten sie Muscheln und Schnecken vom Fels und zerknackten sie zwischen den Zahnplatten. Die Gliedmaßen waren weniger flossenförmig als bei anderen Meeresreptilien. Der 1,5 m lange *Placodus* lebte im Flachwasser.

GELENKIG

Die bis zu 10 m langen Mosasaurier („Maasechsen“) hatten ein Gelenk im Unterkiefer, sodass sie ihr Maul weit aufreißen konnten. Sie waren große, in den flachen Küstengewässern der Oberkreide häufige Eidechsen. Mit den gebogenen, kegelförmigen Zähnen erbeuteten sie Fische, Reptilien und Schalentiere.

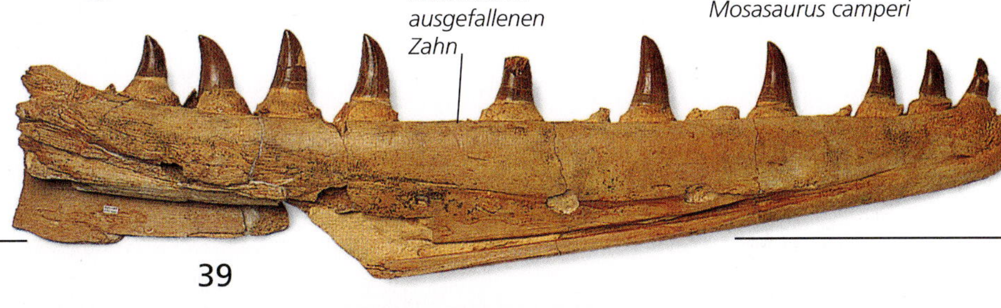

Unterkiefer von *Mosasaurus camperi*

Flugsaurier

Die größten flugfähigen Tiere aller Zeiten waren die Flugsaurier (Pterosaurier), die in der Trias die Lüfte bevölkerten. Diese mit den Dinosauriern verwandten Archosaurier hatten eine am verlängerten vierten Finger ausgespannte Flughaut und eine kräftige Flugmuskulatur. Trotz des leichten Knochengerüsts aus hohlen Knochen wogen einige bis zu 100 Kilogramm. Man teilt die Pterosaurier in zwei Gruppen ein: Die langschwänzigen Schwanzflugsaurier (Rhamphorhynchoiden) hatten einen kurzen Kopf, sie starben am Ende des Jura aus. Vom Oberen Jura bis zum Ende der Kreidezeit lebten die Stummelschwanz-Flugsaurier (Pterodactylen): Sie hatten einen kurzen Schwanz und einen langen Kopf.

MEERESFRÜCHTE
Die meisten Flugsaurier (wie *Anhanguera*, Unterkreide, Brasilien) findet man in Gestein, das in Flachmeeren abgelagert wurde. Einige enthalten versteinerte Nahrungsreste. Mit seinen langen bezahnten Kiefern ergriff *Anhanguera* im Flug über das Wasser seine schlüpfrige Beute. Leisten am Schnabel verringerten den Wasserwiderstand und stabilisierten den Schnabel, wenn er durchs Wasser gezogen wurde.

FLUGKÜNSTLER
Wie sich *Quetzalcoatlus* mit einer Flügelspannweite von 12 m und einem Gewicht von 86 kg in die Luft erheben konnte, ist für Biophysiker immer noch ein Rätsel. Benannt nach einem gefiederten Aztekengott, ist *Quetzalcoatlus* der größte bekannte Flugsaurier. Er ist viel größer als ein Wanderalbatros.

Rekonstruktion von *Quetzalcoatlus*, vor 65 Mio. Jahren, erster Fund: 1971 in Texas (USA)

Beim Sitzen wurde der Flügel von Ornithocheirus *zusammengefaltet.*

Flügelknochen von *Rhamphorhynchus*, vor 160–144 Mio. Jahren, Deutschland

FASERN IM FLÜGEL
Dieser ausgebreitete Flügel von *Rhamphorhynchus* zeigt, wie zart und doch stabil er gebaut ist. Der lange vierte Finger bildet die Flügelkante. Die Flughaut ist durch zähe Fasern verstärkt. Die von Haut und Fasern gebildete Tragfläche ist stabil genug, um Strömung und Flügelschlag standzuhalten.

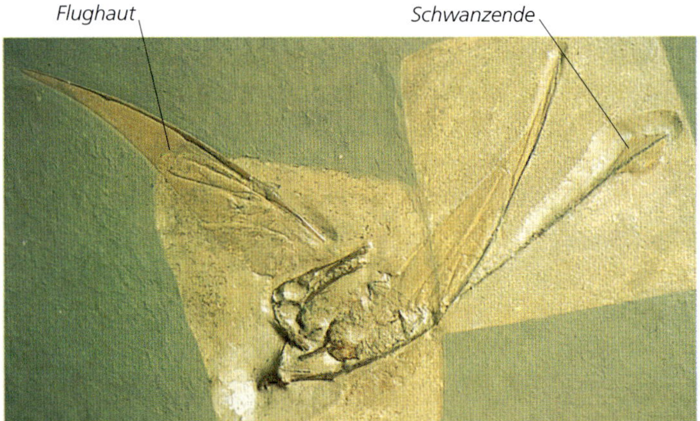

ABGESTÜRZT
Der Plattenkalk von Solnhofen ist für seine Fossilien bekannt (S. 42–43). *Rhamphorhynchus*, ein häufiger Flugsaurier aus dem Jura mit einer Spannweite von bis zu 1,75 m, scheint so erhalten zu sein, als wäre er tot vom Himmel gefallen. Vielleicht lenkte er beim Fliegen mit dem Steuerruder am Schwanzende. Die Flugmuskeln saßen wie bei den Vögeln am Brustbeinkamm. Die Rippen waren mit dem Brustbein verwachsen und bildeten einen stabilen Brustkorb. Die Schulterknochen (Schulterblatt und Rabenschnabelbein) verankerten die Flügel am Rumpf.

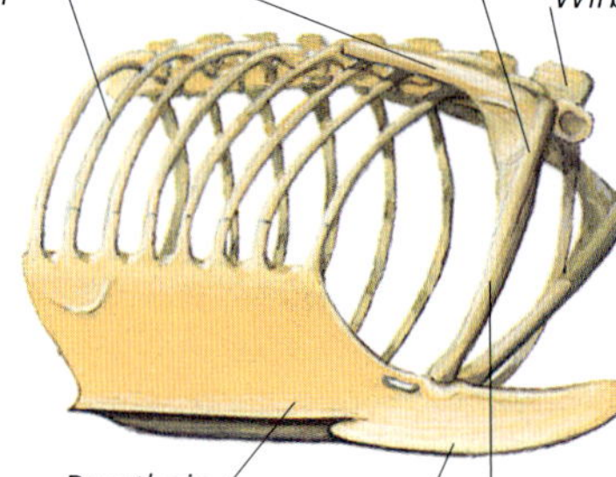

Brustkasten von *Rhamphorhynchus*

ALTER FLIEGER
Dimorphodon, einer der ältesten Flugsaurier aus dem Jura, unterscheidet sich von späteren Pterodactylen. Er hatte kurze Flügel, lange Hinterbeine und einen langen Schwanz, sodass er auch gut laufen konnte. Sein Kopf war kurz und breit, der Schädel bestand aus dünnen Knochen. Zwei Zahntypen, vorn sehr große und hinten winzige Zähne, gaben *Dimorphodon* den Namen.

Fossiles Skelett von *Dimorphodon macronyx*, Jura, Dorset (England)

Pterodactylus koch, Solnhofener Plattenkalk, Deutschland

FLUGFINGER
Pterodactylus („Flugfinger") wurde 1784 als erster Flugsaurier beschrieben. Der vierte Finger (Ringfinger) ist verlängert und bildet die knöcherne Stütze des häutigen Flügels. Drei kurze Finger mit Klauen dienen zum Festhaken. Ein dünner Knochen am Handgelenk straffte die Flughaut, die sich von der Schulter zur Hand erstreckte. Bei *Pterodactylus* war die Voraugenhöhle mit dem Nasenloch verschmolzen, bei den Schwanzflugsauriern waren die Öffnungen noch getrennt.

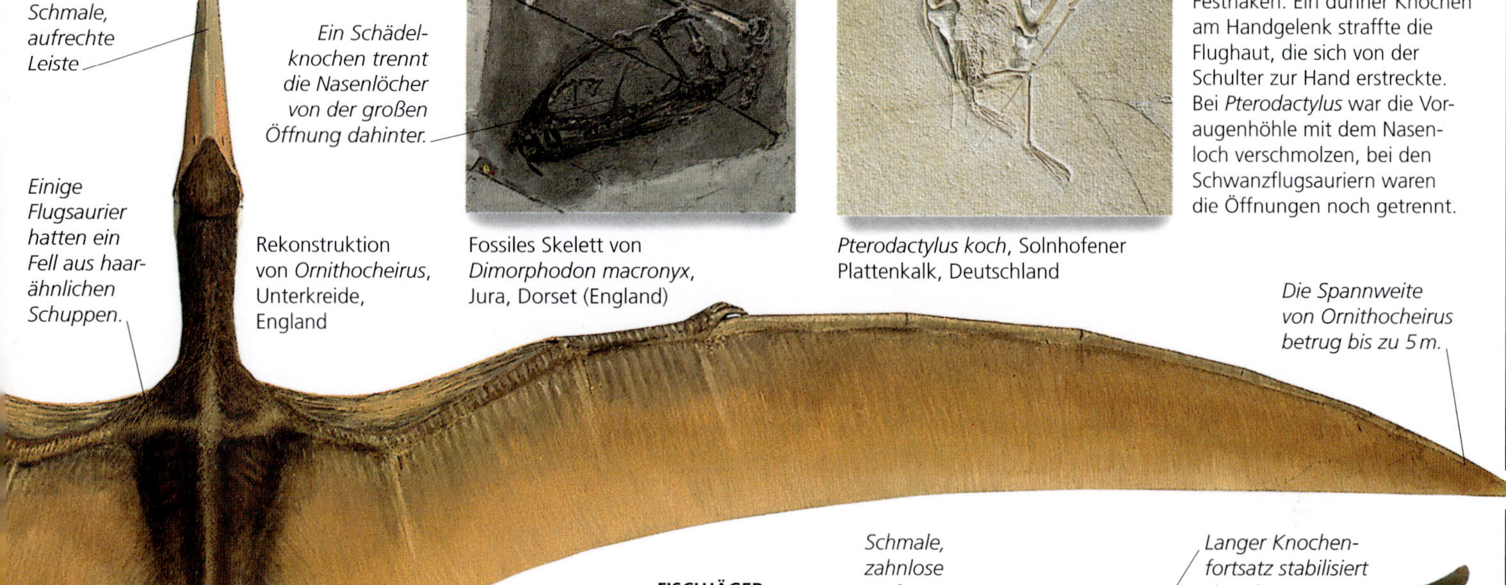

Rekonstruktion von *Ornithocheirus*, Unterkreide, England

FISCHJÄGER
Breite Flügel trugen *Ornithocheirus* über die Meere der Unterkreide. Der stumpfe Schnabel hatte einen schmalen Kamm. Anhand ähnlicher Exemplare aus Brasilien kann die Lebensweise von *Ornithocheirus* geklärt werden. Der Kamm auf dem Schnabel stabilisierte den Kopf, wenn das Tier mit eingetauchtem Schnabel über die Wasseroberfläche segelte und nach Fischen suchte. Er gehörte zu den Ptetosauriern, die 50 Mio. Jahre existierten, bis sie vor 90 Mio. Jahren ausstarben.

Rekonstruktion von *Pteranodon*, einem der größten flugfähigen Tiere (vor 85–80 Mio. Jahren), Nordamerika

FLUGDRACHE
Pteranodon erreichte mit einer Spannweite von bis zu 9 m annähernd 50 km/h. Hohle Knochen verringerten das Gewicht. *Pteranodon*-Fossilien wurden in der Oberkreide von Kansas (USA) gefunden. Das Gestein wurde in Flachmeeren abgelagert.

LEICHTBAUWEISE
Quetzalcoatlus, das größte Flugtier aller Zeiten, löste alle Probleme von Größe und Gewicht. Die kräftige Flugmuskulatur bewegte den kurzen, kräftigen Oberarmknochen. Die drei letzten Fingerknochen stabilisierten mit ihrem T-förmigen Profil die gewaltigen Flügel.

Flügelknochen von *Quetzalcoatlus* von vorn

FERNÖSTLICHER FLIEGER
Dsungaripterus, ein Pterodactylier mit einer Spannweite von 3 m, ist der erste in China gefundene Flugsaurier. Schmale, zarte Knochenstreben ließen im Schädel große Fenster entstehen. Die kleinen Augen saßen weit hinten am Kopf. Die Schädelmitte trug einen kurzen Kamm. Mit den zahnlosen, pinzettenartigen Kiefern nahm *Dsungaripterus* Schalentiere auf.

Schädel von *Dsungaripterus*, vor 155–110 Mio. Jahren, China

Urvogel

FLIEGENDE BEUTE
Schon im Oberen Jura schwebten Insekten durch die Luft, etwa diese Libelle (*Libellula* aus Solnhofen), die ihre Nahrung im Wasser oder an Land erbeutete. Einige Wissenschaftler glauben, *Archaeopteryx* habe seine Flügel als „Fliegenklatsche" benutzt.

Einen Vogel erkennt man an den Federn. Der älteste fossile Nachweis für einen Vogel ist daher eine 147 Millionen Jahre alte versteinerte Feder. Der Urvogel, *Archaeopteryx* (von griech. *archaios* für „alt" und *pteris* für „Flügel"), weist eine vollständige Befiederung auf. Die ersten Federn begannen als faseriger Flaum, der sich nach und nach zu richtigen Federn heranbildete. Zunächst dienten sie der Körperisolierung, bevor sie sich als Flügelfedern zu Fluginstrumenten entwickelten. Die heutigen Vögel gelten deshalb als nächste Verwandte der ausgestorbenen Dinosaurier. Zwischen dem *Archaeopteryx* und den Theropoden bestehen über 100 Gemeinsamkeiten (S. 32–35). Seit 1861 fand man sieben *Archaeopteryx*-Fossilien, die zu den wertvollsten Fossilien überhaupt zählen.

FLUGFÄHIG
Vögel haben einen großen Brustbeinkamm, der die Flugmuskulatur trägt, und ein Gabelbein als Stütze für die Flügelgelenke.

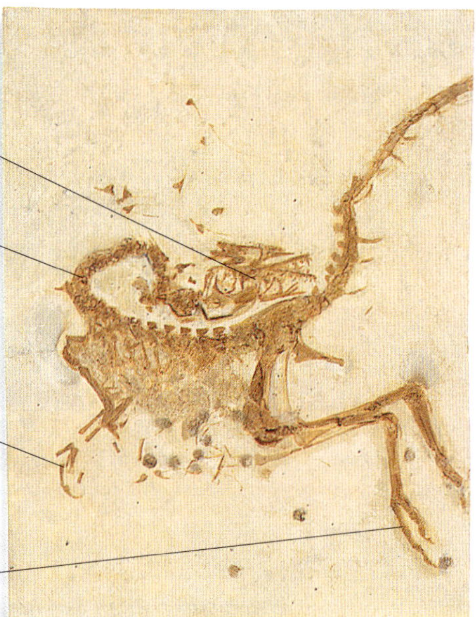

SAURIER MIT FEDERN
Das Eichstätter *Archaeopteryx*-Exemplar hielt man jahrelang für einen Dinosaurier, *Compsognathus* (oben), der in denselben Schichten gefunden wurde. Dass man Fossilien von Vögeln und Dinosauriern kaum unterscheiden kann, belegt die nahe Verwandtschaft beider Tiergruppen.

SELTEN
Bisher hat man im Solnhofener Plattenkalk sieben *Archaeopteryx*-Skelette gefunden. Das Gestein birgt außerdem fossile Insekten, Flugsaurier und Dinosaurier.

BERLINER EXEMPLAR
Das vollständigste *Archaeopteryx*-Skelett fand man 1877. Es befindet sich im Naturkundemuseum der Humboldt-Universität in Berlin. Die vogelartigen Füße tragen drei nach vorn und eine nach hinten gerichtete Zehe. Die Kiefer haben noch Zähne. Federn säumen einen langen Schwanz und sitzen nicht wie bei den heutigen Vögeln an einem kurzen Stumpf. An den Flügeln befinden sich noch drei Finger mit Krallen.

LONDONER EXEMPLAR
Das erste *Archaeopteryx*-Fossil wurde zusammen mit anderen Versteinerungen aus Solnhofen für 700 Pfund vom British Museum in London erworben. Es ist nicht so vollständig wie das Berliner Exemplar, zeigt aber ein deutliches Gabelbein (verwachsene Schlüsselbeine). Die Entdeckung von Gabelbeinen bei einigen Dinosauriern ist ein weiterer Beleg für die Verwandtschaft von Vögeln und Dinosauriern.

Gabelbein: dünner V-förmiger Knochen aus den verwachsenen Schlüsselbeinen

Der lange Beinknochen wurde vorsichtig aus dem Kalk herausgearbeitet.

Gut erhaltener breiter Federschwanz

TAUFPATE
Der Frankfurter Paläontologe Hermann von Meyer veröffentlichte 1861 seine Untersuchung der ältesten versteinerten Vogelfeder und nannte das zugehörige Tier *Archaeopteryx*.

Rekonstruktion von *Archaeopteryx*

Versteinerte Feder von *Archaeopteryx*

ERSTER EINDRUCK
1860 entdeckten Arbeiter im Gemeindesteinbruch von Solnhofen den Abdruck einer Einzelfeder. Sie entspricht der Schwinge eines heutigen Vogels. Hermann von Meyer veröffentlichte den Fund 1861.

AUF ODER AB?
Mit *Archaeopteryx* erhebt sich die Frage nach dem Ursprung des Vogelflugs. Dazu gibt es zwei Theorien: Die eine besagt, dass die Urvögel an Bäumen emporkletterten, um dann zum Gleitflug zu starten. Nach der zweiten Theorie waren sie schnelle Läufer (*Archaeopteryx* hat lange Laufbeine) und hoben nach einem Sprint vom Boden ab.

Schmale Außenfahne

Breite Innenfahne

Handschwinge einer Krähe

WÄRMEN UND FLIEGEN
Federn könnten als wärmeisolierende Körperbedeckung aus Reptilienschuppen entstanden sein. Vielleicht bildeten sie dann bei einem kleinen fleischfressenden Dinosaurier, dem Vorfahren der Vögel, Tragflächen zum Fliegen.

FLUGUNFÄHIG UND ZAHNLOS
Archaeopteryx hatte noch Zähne und war nah verwandt mit den Dinosauriern. *Phorusrhacus*, ein räuberischer, flugunfähiger Laufvogel, hatte keine Zähne mehr. Er lebte im frühen Känozoikum, wurde bis zu 3 m groß und verschlang alles, was ihm vor den Schnabel kam.

Schädel, bis zu 48 cm lang

Der gebogene Kiefer war von einem gewaltigen Schnabel bedeckt.

Phorusrhacus, Miozän, Argentinien

Frühzeit der Säuger

Die warmblütigen Säugetiere standen 165 Millionen Jahre im Schatten der Dinosaurier. Da diese alle Lebensräume besetzt hatten, mussten die ersten Säugetiere in die Nacht ausweichen. Viele ihrer kennzeichnenden Merkmale stellen Anpassungen an eine nächtliche Lebensweise dar. Nach dem Aussterben der Dinosaurier aber breiteten sich die Säuger aus. Fast alle heutigen Säuger gehören zwei großen Gruppen an: den Beuteltieren (Marsupialia) oder den Plazentatieren (Placentalia). Beide gebären lebende Junge. Die Jungen der Beuteltiere werden sehr unreif geboren und entwickeln sich dann im Beutel der Mutter weiter. Plazentatiere sind bei der Geburt weiter entwickelt. Im Bauch der Mutter wurden sie über den Mutterkuchen (Plazenta) ernährt. Fossilien beider Gruppen findet man im Gestein der Kreidezeit. Seither haben sich die Plazentatiere als beherrschende Gruppe über die ganze Erde ausgebreitet.

MILCH UND FELL
Säuger haben ein Fell und halten die Körpertemperatur konstant. Sie gebären lebende Junge, die mit Muttermilch gesäugt werden. Nur Säugetiere haben Milchdrüsen (die aus Schweißdrüsen entstanden sind) und erzeugen Milch.

Versteinertes Skelett von *Megazostrodon*

Rekonstruktion von *Megazostrodon*, einem der ersten Säuger, Obere Trias, Südafrika

URSÄUGER
Das südafrikanische *Megazostrodon* gehört zu den Morganucodontiden – kleinen Säugern aus der Oberen Trias und dem Unteren Jura. Durch ein Fell geschützt, konnte *Megazostrodon* die Körpertemperatur regulieren, während Reptilien sich von der Sonne aufwärmen lassen müssen.

Rekonstruktion von *Ptilodus*, Mittleres bis Oberes Paläozän, Nordamerika

VIELHÖCKERZÄHNER
Der nagerähnliche *Ptilodus* gehört zu den Multituberculaten (Vielhöckerzähner), den ersten pflanzenfressenden Säugern. Nach 100 Mio. Jahren starben sie im Oligozän aus. Der Name der Tiere bezieht sich auf die Oberflächenstruktur ihrer Mahlzähne. Die Vorbackenzähne (rechts) dienten zum Zerschneiden der Nahrung.

BACKENZÄHNE
Von den ersten Säugetieren sind nur sehr wenige Fossilien erhalten geblieben. Das Wenige davon sind Zähne. Der stecknadelkopfgroße Backenzahn von *Mesodma* gibt Einblick in die Evolution dieser Tiere. Das mausähnliche *Morganucodon* mit typischem Unterkiefer wog etwa 20 g.

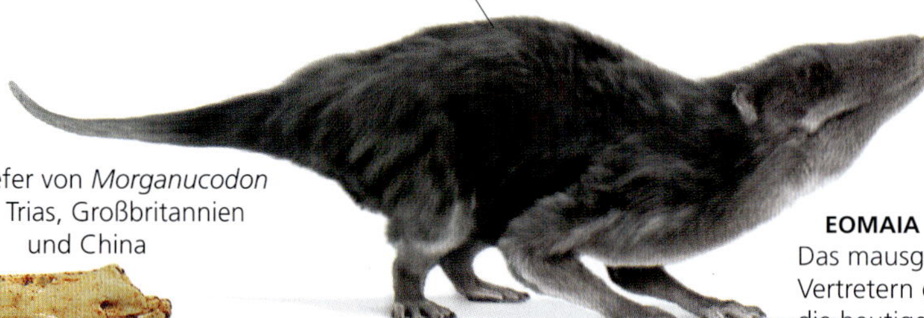

EOMAIA *links*
Das mausgroße *Eomaia* zählt zu den primitivsten Vertretern der Eutheria, einer Säugergruppe, zu der die heutigen Plazentatiere und ihre Vorfahren zählen. Vorder- und Hinterfüße waren kletterfähig, ähnlich heutigen Ratten. Die hohen scharfen Kronenränder der Zähne weisen auf einen Insektenfresser hin.

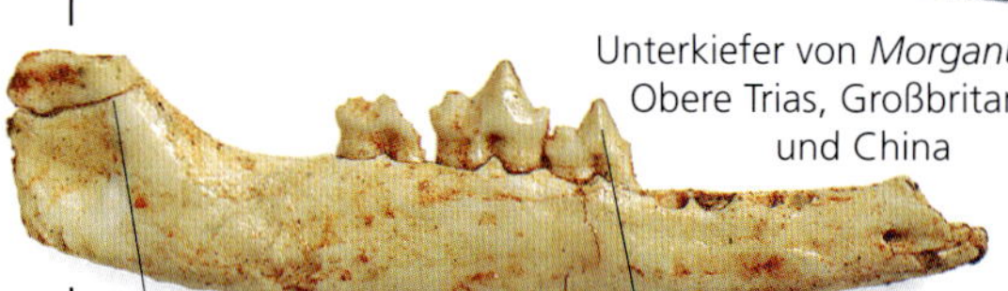

Unterkiefer von *Morganucodon* Obere Trias, Großbritannien und China

Nachbildung des Schädels von *Uintatherium*, einem gehörnten Huftier, Eozän, Nordamerika

URZEITLICHES UNGETÜM
Uintatherium, eines der ersten großen Säugetiere, erreichte die Größe eines Nashorns. Es lebte vor 50 Mio. Jahren in Nordamerika und ernährte sich von Pflanzen, die es mit seinen Backenzähnen zerkleinerte. Drei Hornpaare zierten den Schädel, das größte saß am Hinterkopf, das kleinste auf der Nasenspitze. Die Männchen hatten zudem noch verlängerte Eckzähne, die wohl bei Rivalenkämpfen eine Rolle spielten.

Erwachsenes *Uintatherium* mit Kind

VERSTEINERTES FELL
Im Ölschiefer der Grube Messel bei Darmstadt sind Versteinerungen früher Säuger erhalten. Im Eozän herrschte hier subtropisches Klima. In einem Binnensee lagerten sich Pflanzenteile, Tierleichen und Ton ab. Pferde, Ameisenbären, Primaten und andere Säuger wurden im 47 Mio. Jahre alten Gestein gefunden. Wegen des Sauerstoffmangels am Boden des Sees konnten die Tiere nicht verwesen. Körperumrisse, Mageninhalte und Haare blieben versteinert erhalten. Bei *Pholidocercus*, einem urtümlichen Igelverwandten, erkennt man noch das borstige Fell.

Fossiles Skelett von *Pholidocercus*, einem Igelverwandten aus dem Eozän aus der Grube Messel bei Darmstadt

FLEDERMAUSFLÜGEL
Die langen Finger, die die dünne Flughaut von *Palaeochiropteryx*, einem Fossil aus der Grube Messel, ausbreiteten, sind an den Körper gelegt. *Palaeochiropteryx* war etwa 7 cm lang und wurde mit versteinerten Nachtfaltern im Magen gefunden. Fledermäuse sind nachtaktiv und finden ihre Beute (meist Insekten) mithilfe von Echoortung.

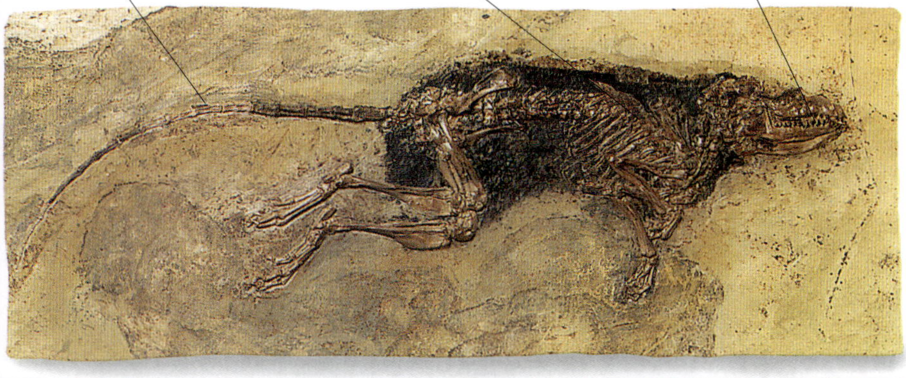

HAARIGER IGEL
Igel sind Insektenfresser: Sie leben von Larven, Insekten und Würmern. *Macrocranion*, ein fossiler Igelverwandter, ist unter den Funden aus der Grube Messel recht häufig. Das 20 cm lange Tier, das vor 47 Mio. Jahren lebte, besaß einen langen Schwanz und kleine scharfe Zähne. Obwohl er einem heutigen Igel ähnelt, hatte *Macrocranion* keine Stacheln, sondern, wie die Umrisse der Versteinerung erkennen lassen, ein Fell.

Vielfalt der Säuger

Säuger entwickelten eine Fülle von Lebensweisen. Im Lauf von Jahrmillionen entstanden aus kleinen, spitzmausartigen Formen gewaltige Räuber, Insektenfresser mit kleinen Zähnen, bärenartige Pflanzenfresser und Huftiere. Wie schon zuvor einige Reptilien kehrten auch manche Säuger ins Meer zurück (wie die Wale) oder eroberten die Luft (wie die Fledermäuse). Als gleichwarme Tiere erzeugen Säuger ihre Körperwärme selbst. Solange sie genügend Nahrung finden, können sie in vielen Regionen und unter verschiedenen Klimabedingungen leben. Ihre Zähne geben Hinweise auf ihre Ernährung. Fleischfresser haben lange Fangzähne und spezielle Backenzähne zum Schneiden, Pflanzenfresser gefurchte, flache Backenzähne zum Zermahlen der Pflanzen. Nur wenige Gebiete auf der Erde sind nicht von Säugern besiedelt.

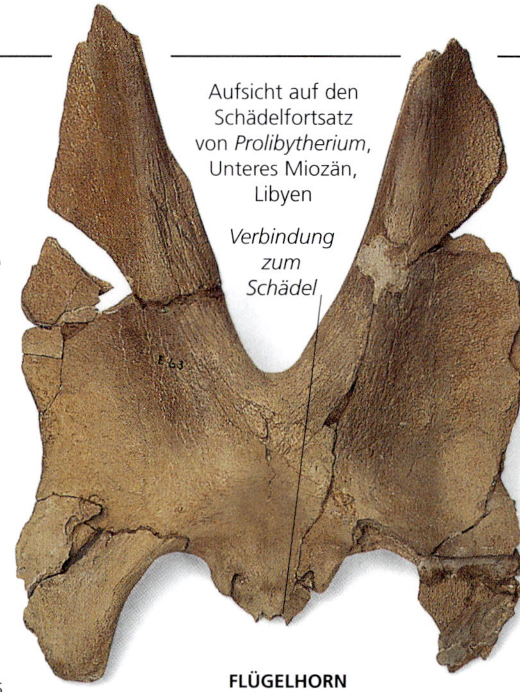

FLÜGELHORN
Von oben erinnert der breite Schädelfortsatz von *Prolibytherium*, einem kleinen hirschartigen Giraffenverwandten, kaum an die Knochenzapfen heutiger Giraffen. Giraffen waren im Miozän und Pliozän in Afrika und Asien eine sehr vielgestaltige Tiergruppe.

Großköpfiges *Hyaenodon* neben erlegtem Beutetier, Unteres Tertiär, Nordamerika, Europa, Afrika

Schädel von *Hyaenodon*

URTÜMLICHE RAUBTIERE
Die längst ausgestorbenen Hyaenodonten waren die größten Räuber des Unteren Tertiärs. *Hyaenodon* erreichte die Größe einer heutigen Hyäne und hatte lange Fangzähne und Reißzähne, die aber nicht denen der heutigen Raubtiere entsprechen. Die Hyaenodontiden sind die Schwestergruppe der heutigen Raubtiere, die sie im Miozän verdrängten.

Nachbildung des Schädels von *Megistotherium*, Miozän, Nordafrika

RIESENSCHÄDEL
Megistotherium war ein riesiger Hyaenodonte und lebte vor 20 Mio. Jahren im Gebiet der heutigen Sahara. Sein Schädel war mit 65 cm Länge doppelt so groß wie der eines Löwen. Die breiten Backenknochen und Knochenkämme am Schädel zeigen, dass *Megistotherium* gewaltige Kiefermuskeln hatte und kräftig zubeißen konnte.

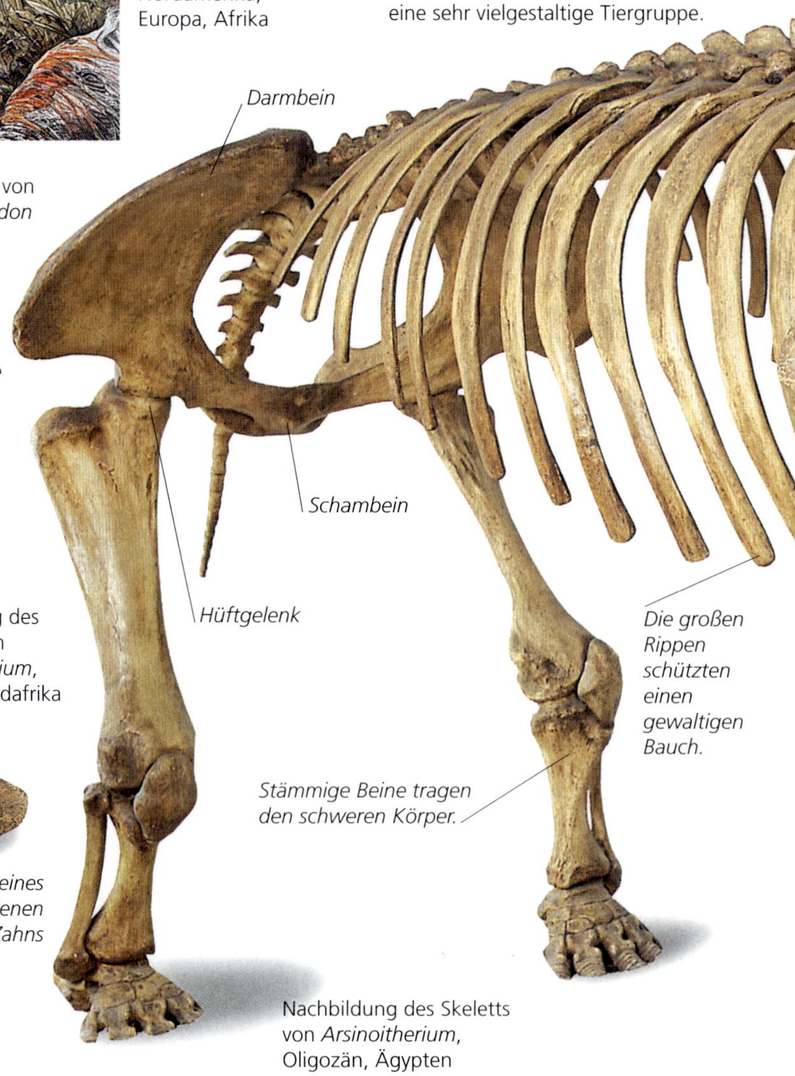

Nachbildung des Skeletts von *Arsinoitherium*, Oligozän, Ägypten

URWAL

Der Urwal *Basilosaurus* hatte einen langen Körper und einen kleinen Kopf. Die Vordergliedmaßen sind Flossen, die Hintergliedmaßen rückgebildet. Die Nasenlöcher sitzen auf der Schnauze, heutige Wale tragen sie am höchsten Punkt des Kopfs.

Rekonstruktion des 20 m langen *Basilosaurus*, Eozän, Atlantikküste der USA

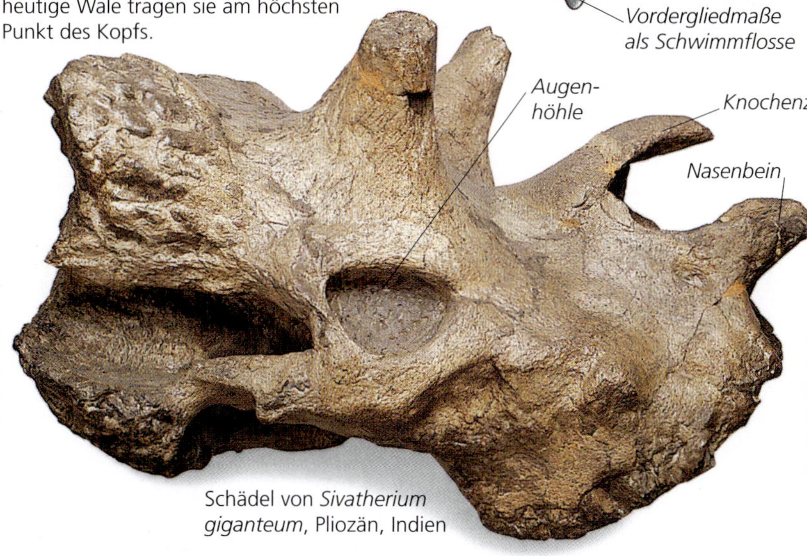

Schädel von *Sivatherium giganteum*, Pliozän, Indien

Mit seinem kurzen Hals ähnelt *Sivatherium* eher einem Elch als einer Giraffe.

RIESENGIRAFFE

Sivatherium, ein riesiger Giraffenverwandter, lebte im Pliozän in Indien und Afrika. Hier sind nur die vorderen Knochenzapfen am Schädel erhalten. Das Tier hatte noch ein Paar breiter Knochenfortsätze am Hinterschädel. Das Nasenbein deutet darauf hin, dass Nase und Oberlippe wie beim Tapir einen kurzen Rüssel bildeten.

Schädel von *Daphoenus*, Oligozän, USA

BÄR ODER HUND?

Früher hielt man die Amphicyoniden aus dem Eozän und dem Pliozän für Hunde, heute zählt man sie zu den Bären. Mit 1 m Länge war *Daphoenus* ein kleinerer Vertreter. Viele Amphicyoniden waren große, untersetzte Tiere mit Bärenkörper und Hundeschädel.

Zwei langschwänzige, schlanke *Daphoenus*-Tiere auf Beutesuche

DOPPELGÄNGER

Ein Nashorn aus Knochen statt aus Keratin und ein vollständiges Gebiss unterscheiden *Arsinoitherium* aus dem Oligozän Nordafrikas vom heutigen Nashorn. Zwischen beiden besteht keine Verwandtschaft. Die Backenzähne von *Arsinoitherium* hatten Schmelzleisten, wie sie heute bei Tieren auftreten, die sich hauptsächlich von Blättern ernähren. Fünf dicke Zehen an jedem Fuß trugen das gewaltige Gewicht. *Arsinoitherium* gehört zu einer isolierten Säugergruppe, den Embrithopoden, die im Oligozän ausstarben.

Elefanten und Pferde

Elefanten und Pferde erschienen erstmals im Eozän. Seither bevölkerten viele verschiedene Elefantenarten die Erde, von denen nur drei – der Afrikanische, der Indische und der Waldelefant – überlebten. Mammuts, Mastodone und Stegodone gehörten alle zur Familie der Rüsseltiere mit Stoß- und Mahlzähnen – vom hundegroßen *Moeritherium* bis zum 5 Meter großen Mammut. Auch die Pferde machten im Eozän einen großen Entwicklungssprung. Starke Veränderungen in Klima und Pflanzenwelt ließen aus kleinen Waldtieren große Huftiere der Steppe heranwachsen.

Schädel des 36 Mio. Jahre alten *Moeritherium*

ERSTER ELEFANT
Die meisten Rüsseltiere hatten hohe Schädel mit schwammartig aufgebauten Knochen zur Gewichtsverminderung. *Moeritherium* hatte einen flachen, etwa 50 cm langen Schädel. Die 24 kleinen Backenzähne blieben das ganze Leben lang erhalten, die Schneidezähne bildeten kleine Stoßzähne.

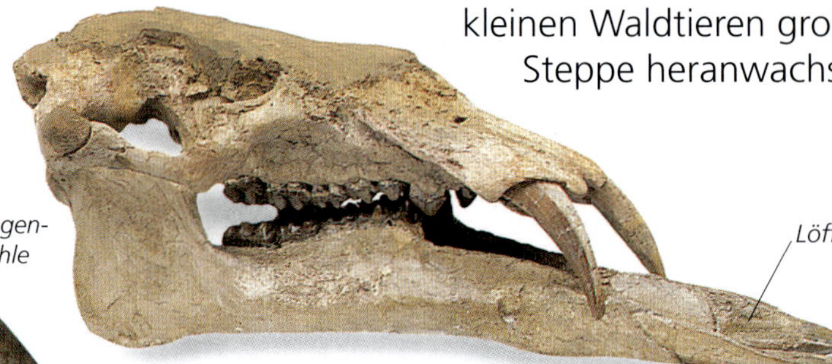

Schädel des 35 Mio. Jahre alten *Phiomia*, Ägypten

STOSS- UND MAHLZÄHNE
Phiomia, ein Mastodon-Vorläufer, hatte die Größe eines Pferds. Seine 24 Mahlzähne trugen höher aufragende Kronen als *Moeritherium* und konnten deshalb Pflanzen stärker zerkleinern. Die unteren Schneidezähne waren zu Stoßzähnen verlängert, die zwischen den beiden oberen gekrümmten Schneidezähnen vorstießen.

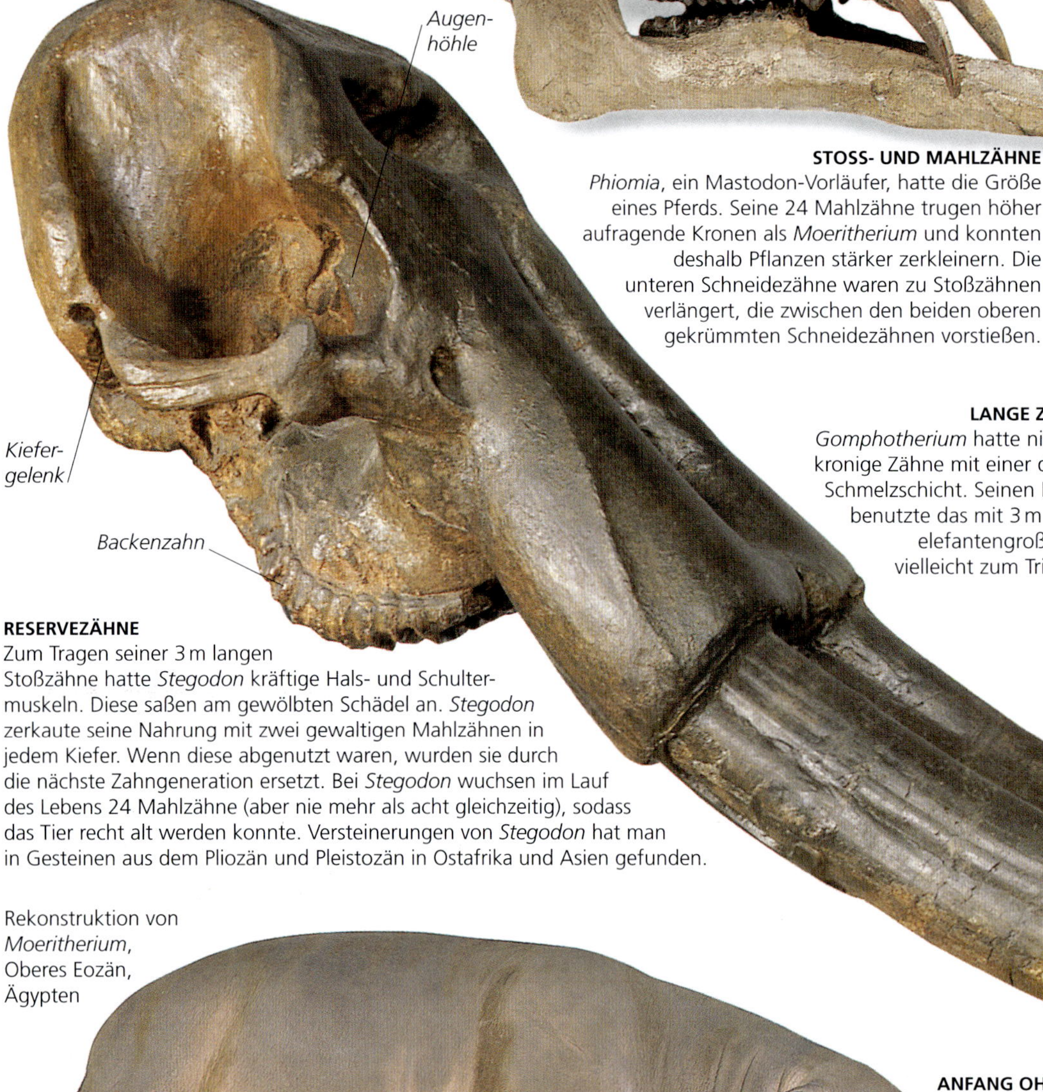

RESERVEZÄHNE
Zum Tragen seiner 3 m langen Stoßzähne hatte *Stegodon* kräftige Hals- und Schultermuskeln. Diese saßen am gewölbten Schädel an. *Stegodon* zerkaute seine Nahrung mit zwei gewaltigen Mahlzähnen in jedem Kiefer. Wenn diese abgenutzt waren, wurden sie durch die nächste Zahngeneration ersetzt. Bei *Stegodon* wuchsen im Lauf des Lebens 24 Mahlzähne (aber nie mehr als acht gleichzeitig), sodass das Tier recht alt werden konnte. Versteinerungen von *Stegodon* hat man in Gesteinen aus dem Pliozän und Pleistozän in Ostafrika und Asien gefunden.

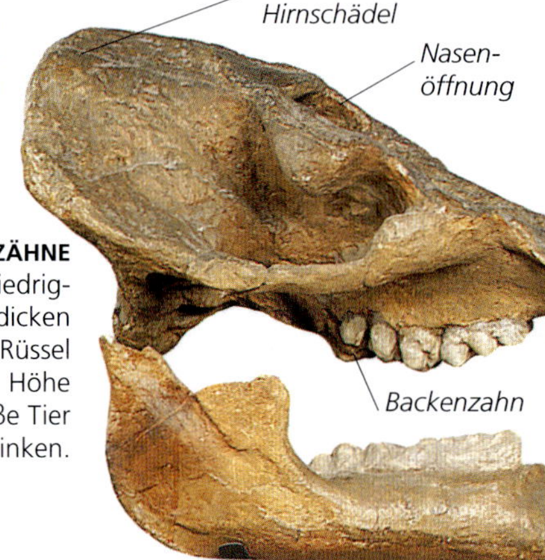

Schädel des 20 Mio. Jahre alten *Gomphotherium*, Afrika und Asien

LANGE ZÄHNE
Gomphotherium hatte niedrigkronige Zähne mit einer dicken Schmelzschicht. Seinen Rüssel benutzte das mit 3 m Höhe elefantengroße Tier vielleicht zum Trinken.

Rekonstruktion von *Moeritherium*, Oberes Eozän, Ägypten

ANFANG OHNE RÜSSEL
In Gestalt und Lebensweise ähnelte *Moeritherium* den Flusspferden. *Moeritherium* war 1 m hoch, wog 230 kg und lebte von weichen Wasserpflanzen. Für diese Nahrung benötigte es noch nicht die Mahlzähne der späteren Rüsseltiere. *Moeritherium* gleicht ausgestorbenen Seekühen: ein Beleg für die Verwandtschaft zwischen Seekühen und Elefanten.

Hufe und Zähne

Die Evolution der Pferde ist recht gut bekannt. Ihre Stammesgeschichte begann vor 55 Mio. Jahren mit *Hyracotherium*. Dieses kaum katzengroße Tier lebte in Wäldern und ernährte sich von Samen, Früchten und Blättern. *Hyracotherium* war kein Lauftier wie heutige Pferde. In den nächsten 55 Mio. Jahren entwickelten sich dann die langen Pferdebeine und hochkronige Zähne zum Zermahlen harter Gräser.

URPFERD
Hyracotherium lebte in Nordamerika und Europa. Mit ihm begann die Entwicklung vom Waldtier zum Steppenbewohner.

Vorderfuß des vierzehigen Urpferdchens *Hyracotherium*, vor 55 Mio. Jahren

ZEHENVERLUST
In der Pferdeevolution wurde die Mittelzehe immer länger und stärker, bis sie die Dicke des Beins erreichte. Die anderen Zehen wurden rückgebildet. Das dreizehige *Hipparion* trug sein Gewicht hauptsächlich mit der großen Mittelzehe. Vielleicht erreichte es schon eine Dauergeschwindigkeit von 15 km/h.

Linker Hinterfuß von *Hipparion*, vor 23 Mio. Jahren, Europa, Asien, Afrika, Nordamerika

Vor 20 Mio. Jahren entstanden Beine mit wenigen Zehen zum schnellen Laufen.

DREI ZEHEN
Merychippus hatte drei Zehen und war das erste grasfressende Pferd. Es lebte vor ungefähr 23 Mio. Jahren in Nordamerika.

Niedrigkroniger Backenzahn

Schädel von *Hyracotherium* (Blick auf den Gaumen)

Hochkroniger Zahn

Schneidezahn

Schädel von *Hipparion* (Blick auf den Gaumen)

GRASNAHRUNG
Im Lauf der Pferdeevolution schrumpfte die Fläche der Wälder aufgrund eines Klimawechsels immer mehr. Vor 23 Mio. Jahren dehnten sich weite Steppen aus. Hier konnten Laubfresser nicht überleben. *Hipparion* war an die Grasnahrung angepasst. Die hochkronigen Zähne mit einer dicken Schmelzschicht wurden vom harten Gras, das zudem noch Kieselsäure enthält, nicht so schnell abgenutzt.

Schädel und Stoßzähne von Gomphotherium *waren bis zu 2 m lang.*

Die Stoßzähne von Stegodon *waren 3 m lang.*

Schädel und Stoßzähne des 5 Mio. Jahre alten *Stegodon ganesa* aus Indien

HEUTIGER ELEFANT
Die direkten Vorfahren der heutigen Elefanten erschienen vor ungefähr 7 Mio. Jahren. Elefanten kauen mit nur einem Zahn in jeder Kieferhälfte, der sich nach vorn schiebt und von einem neuen ersetzt wird, wenn er abgenutzt ist. Die Tiere wiegen bis zu 6 t und benötigen jeden Tag gewaltige Nahrungsmengen.

KURZE STOSSZÄHNE
Phiomia wurde bis 2 m groß und lebte vor 32 Mio. Jahren in Afrika. Obwohl Körper, Rüssel und Stoßzähne kleiner sind, ist die Ähnlichkeit mit heutigen Elefanten deutlich. Die Backenzähne hatten Querjoche und mussten gewaltige Nahrungsmengen zerkleinern. Durch Abnutzung wurde die Oberfläche glatt.

Kurzer Stoßzahn zum Ausgraben von Pflanzen

Nachbildung von *Phiomia*, Unteres Oligozän, Ägypten

Konkurrenzlos

Zeichnerische Rekonstruktion eines *Diprotodon* aus Australien

Als der Riesenkontinent Pangäa im Jura auseinanderbrach, entstanden durch die Meere zwischen den Kontinenten wirksame Ausbreitungsbarrieren. Vor allem Südamerika und Australien waren lange isoliert, sodass sich in der Abgeschiedenheit dieser Inselkontinente eine eigenständige Tierwelt entwickeln konnte. Die Trennung der beiden amerikanischen Subkontinente erfolgte vor ungefähr 55 Millionen Jahren, als Beuteltiere und Plazentatiere etwa gleich weit verbreitet waren. In über 50 Millionen Jahren entstand in Südamerika in völliger Isolation eine eigene Fauna von Beutel- und Plazentatieren. Erst vor 3 Millionen Jahren bildete sich mit Mittelamerika wieder eine Landbrücke zwischen Nord- und Südamerika. Über die damals noch nicht vereiste Antarktis erreichten die Beuteltiere Australien, ehe dieser Kontinent vor 35 Millionen Jahren nach Norden driftete. Die Isolation Australiens war noch vollständiger als die der beiden Amerika. Ohne die Konkurrenz durch Plazentatiere blieben dort die Beuteltiere bis heute vorherrschend.

EISZEITWELT
Noch in der Eiszeit gab es in Australien eine sehr formenreiche Beuteltierfauna. Koalas, Kängurus und die seltsamen eierlegenden Säuger (Schnabeligel, unten rechts) überlebten bis heute. Ausgestorben sind das wombatähnliche *Diprotodon*, der löwenähnliche *Thylacoleo* und – erst in unserem Jahrhundert – der Beutelwolf *Thylacinus*.

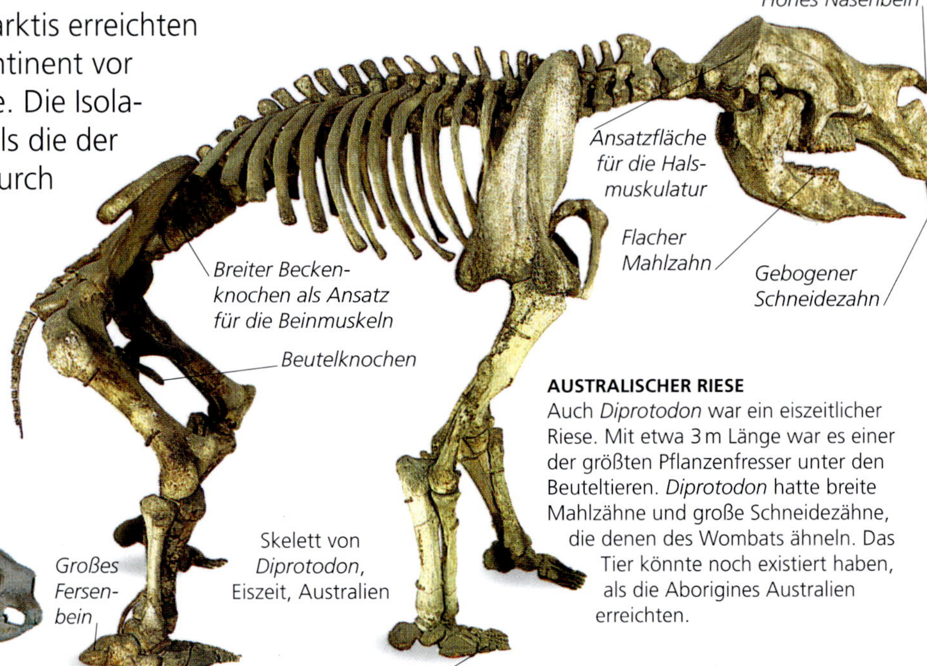

Skelett von *Diprotodon*, Eiszeit, Australien

AUSTRALISCHER RIESE
Auch *Diprotodon* war ein eiszeitlicher Riese. Mit etwa 3 m Länge war es einer der größten Pflanzenfresser unter den Beuteltieren. *Diprotodon* hatte breite Mahlzähne und große Schneidezähne, die denen des Wombats ähneln. Das Tier könnte noch existiert haben, als die Aborigines Australien erreichten.

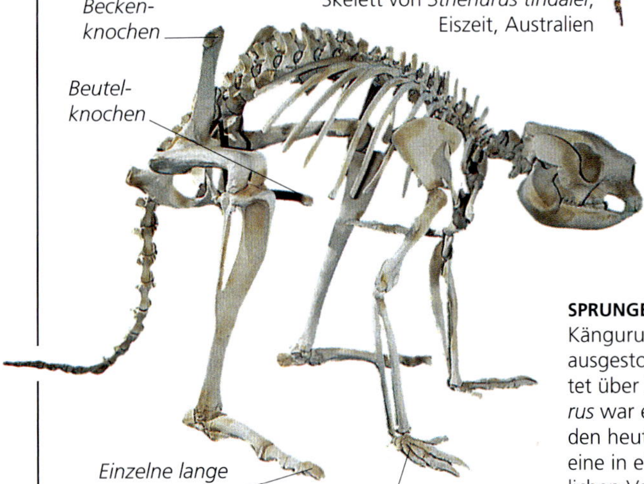

Skelett von *Sthenurus tindalei*, Eiszeit, Australien

SPRUNGBEIN MIT HUF
Kängurus können bis zu 2 m groß werden, einige ausgestorbene Riesenformen erreichten aufgerichtet über 3 m. Das Kurzschnauzenkänguru *Sthenurus* war ein eiszeitlicher Riese. Im Gegensatz zu den heutigen Kängurus hatte es am Hinterfuß nur eine in einem Huf endende Zehe. Mit den beweglichen Vorderextremitäten konnte es hoch über seinem Kopf Blätter und Zweige pflücken.

Fossiles Skelett von *Thylacoleo*, Eiszeit, Australien

DOPPELGÄNGER
Für viele Beuteltiere findet man ein entsprechendes Plazentatier. *Thylacoleo*, der Beutellöwe, wird oft mit Großkatzen verglichen. Er jagte in der Eiszeit in Australien die großen pflanzenfressenden Beuteltiere wie *Diprotodon*.

Der Beutelwolf (*Thylacinus*) ist seit dem Miozän für Australien bekannt. In den 1930er-Jahren wurde er ausgerottet.

BEUTELWOLF
Der Beutelwolf ähnelte dem Wolf, vielleicht war er ebenfalls ein Rudeljäger. Nachdem die Beutelwölfe sich in einem Jahrmillionen dauernden Evolutionsprozess behauptet hatten, verschwanden sie in den 1930er-Jahren für immer von der Erde. Verfolgung durch den Menschen, Zerstörung ihres Lebensraums und Konkurrenz durch den eingeführten Dingo ließen ihnen keine Chance.

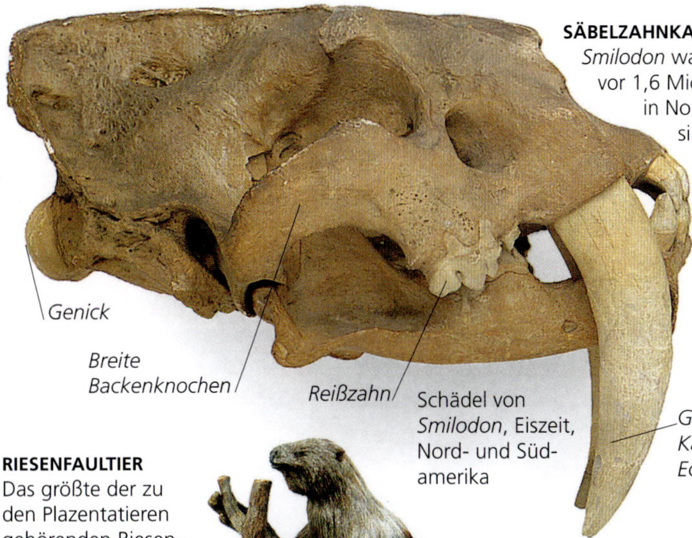

Schädel von *Smilodon*, Eiszeit, Nord- und Südamerika

SÄBELZAHNKATZE

Smilodon war ein Plazentatier und lebte von vor 1,6 Mio. Jahren bis vor 8000 Jahren in Nord- und Südamerika. Die Zähne sind fein gesägt. Das Maul konnte *Smilodon* weiter aufreißen als ein Löwe und so seine Beute leicht zerfleischen. Die gewaltigen Eckzähne waren aber wohl etwas zerbrechlich: Man fand eine Spitze im Schädel eines Opfers.

VON JEDEM ETWAS

In Südamerika entwickelten sich ganz eigenständige Huftiergruppen. *Macrauchenia* gehörte zu den seltsamsten Geschöpfen. Es hatte einen kurzen Rüssel, den Körper eines Kamels und die Füße eines Nashorns: ein bizarrer, ausgestorbener südamerikanischer Pflanzenfresser.

RIESENFAULTIER

Das größte der zu den Plazentatieren gehörenden Riesenfaultiere war das 6 m lange *Megatherium* aus Nord- und Südamerika. Riesenfaultiere bildeten in der Eiszeit in Amerika eine formenreiche Gruppe und starben vor etwa 10 000 Jahren aus.

Rekonstruktion von *Megatherium*, Eiszeit, Argentinien

ÄHNLICHKEIT

In gleichen Lebensräumen findet man oft sich entsprechende Lebensform aus nicht verwandten Gruppen, so auch bei Beutel- und Plazentatieren. Der südamerikanische *Thylacosmilus* ist mit bis zu 20 cm langen Eckzähnen das Beuteltiergegenstück zu den Säbelzahnkatzen.

Schädel von *Thylacosmilus*, Eiszeit, Argentinien

SCHÜTZENDE SCHALE

Das gepanzerte *Glyptodon* war ein entfernter Verwandter des Riesengürteltiers. Es wurde bis zu 2 t schwer und bis 3,3 m lang. Knochenplatten bildeten einen vollständigen Rückenpanzer zum Schutz vor eiszeitlichen Räubern.

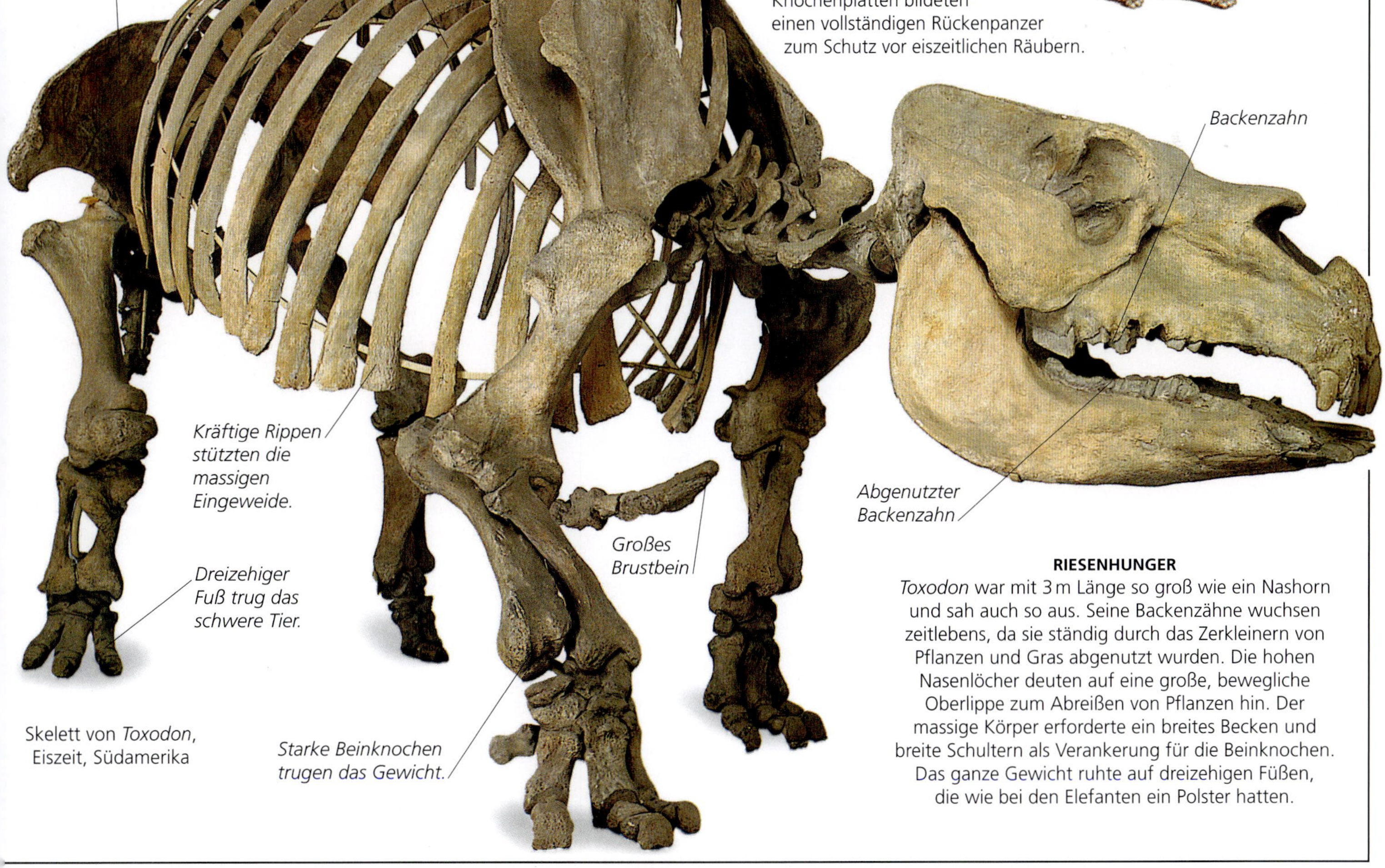

Skelett von *Toxodon*, Eiszeit, Südamerika

RIESENHUNGER

Toxodon war mit 3 m Länge so groß wie ein Nashorn und sah auch so aus. Seine Backenzähne wuchsen zeitlebens, da sie ständig durch das Zerkleinern von Pflanzen und Gras abgenutzt wurden. Die hohen Nasenlöcher deuten auf eine große, bewegliche Oberlippe zum Abreißen von Pflanzen hin. Der massige Körper erforderte ein breites Becken und breite Schultern als Verankerung für die Beinknochen. Das ganze Gewicht ruhte auf dreizehigen Füßen, die wie bei den Elefanten ein Polster hatten.

Geburt und Jugend

Seit über 3 Milliarden Jahren gibt es Leben auf der Erde. Ein kennzeichnendes Merkmal der Lebewesen ist die Fortpflanzung. Prokaryonten wie die Blaualgen pflanzen sich fort, indem sie sich in zwei gleiche Tochterzellen teilen. Sexuelle Fortpflanzung steigert die Variabilität: Wenn eine männliche und eine weibliche Zelle verschmelzen, entsteht ein völlig einzigartiger Organismus. So steigt die Wahrscheinlichkeit, dass einige Nachkommen an wechselnde Bedingungen angepasst sind. Fische und Amphibien legen ihre Eier einfach im Wasser ab. Reptilieneier entwickeln sich mit Ausnahme einiger Meeresreptilien an Land. Die Embryonen sind durch eine feste, wasserundurchlässige Schale geschützt. Der Keim selbst bildet eine dünne Haut, das Amnion (Schafshaut), die ihn völlig umgibt. Eine andere Hautbildung dient der Atmung und umschließt die Abfallprodukte. Auch Säuger bilden ein Amnion, allerdings findet hier die Entwicklung immer im Körper der Mutter statt.

KAULQUAPPE
Amphibieneier sind von einer dicken Eiweißschicht umgeben, die die Eier im Froschlaich zusammenhält. Aus den Eiern schlüpft die fischähnliche Kaulquappe. Bei diesem seltenen Fossil war die Entwicklung auf dieser Stufe beendet.

VERZWEIGT
Die Korallenpolypen bilden in ihren steinernen Skeletten Ableger, die sich in die Kolonie einfügen. Von Zeit zu Zeit geben die Polypen männliche und weibliche Geschlechtszellen ab. Wenn die Larven überleben, können sie dort, wo sie sich niederlassen, zu neuen Kolonien heranwachsen.

Die Koralle hat ein Ei ins Wasser abgegeben.

Thecosmilia trochotoma (Korallenkolonie mit einzelnen Ästen), Oberer Jura, Deutschland

Ein neuer Korallenzweig vergrößert die Kolonie.

Die rote Farbe kennzeichnet einen von sechs Embryonen, die mit der Mutter starben.

Stenopterygius acutirostris, Unterer Jura, Deutschland

VERSTEINERTE GEBURT
Im Gegensatz zu den meisten Reptilien waren die Fischsaurier lebend gebärend. Versteinerte erwachsene Ichthyosaurier weisen Überreste von mehreren Jungen im Körper auf. Weibliche Fischsaurier konnten ihre Eier nicht an Land ablegen, die Jungen entwickelten sich im Körper der Mutter. Dieses Weibchen könnte bei der Geburt der Jungen gestorben sein.

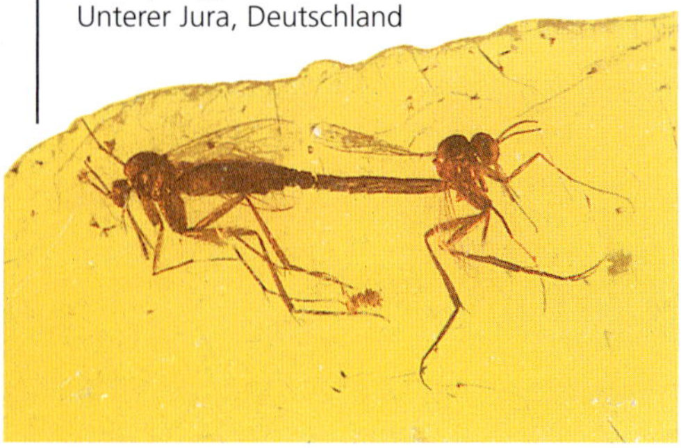

FLIEGENFÄNGER
Diese Mücken wurden bei der Paarung von klebrigem Harz eingeschlossen. Bei Insekten findet man zwei Entwicklungstypen: Bei der „unvollständigen Umwandlung" werden die Larven mit jeder Häutung den Erwachsenen ähnlicher. Bei der „vollständigen Umwandlung" erfolgt im Puppenstadium ein vollständiger Umbau.

Die Eier wurden in eine Mulde im Sand gelegt und mit Pflanzenteilen bedeckt (Rekonstruktion eines Nests mit Eiern und Jungtieren von Maiasaurus).

Aepyornis lebte in der Eiszeit auf Madagaskar und legte seine Eier in Sanddünen ab.

ELEFANTENVOGEL-RIESENEI

Elefantenvögel legten Rieseneier. Der 3 m große, flugunfähige *Aepyornis* hält den Rekord. Mit 450 kg Körpergewicht legte er Eier, die 170-mal so groß waren wie ein Hühnerei. Allerdings brauchen größere Eier auch dickere Schalen. Wenn die Schale zu dick ist, kann das Küken sie beim Schlüpfen nicht mehr durchbrechen.

LEBENSLAUF

Wie bei vielen Weichtieren spiegelt auch die Schale der Ammoniten die Lebensgeschichte dieser Tiere wieder. In der Mitte erkennt man die erste Schale des jungen Tiers. Als es wuchs, legte es immer neue Kammern an, von denen es nur die äußerste bewohnte. Die inneren Kammern waren mit Flüssigkeit und Luft gefüllt, deren Verhältnis das Tier verändern konnte, um im Meer aufzusteigen oder abzusinken.

Eine hölzerne Außenhülle umschloss große Samen in faseriger Innenhülle.

Frucht von *Nipa burtinii*, Mittleres Eozän, Belgien

Oxynoticeras oxynotum, Unterer Jura, Großbritannien

Die versteinerten Kammern sind mit Kristallen gefüllt.

PALMFRUCHT

Bei Pflanzen findet man verschiedene Methoden der Samenverbreitung. Früchte werden z. B. von Tieren gefressen, die die hartschaligen Samen nicht verdauen und weit entfernt wieder ausscheiden. Die kokosnussähnliche Frucht von *Nipa*, einer stammlosen Palme, enthielt bis zu 8 cm lange Samen und wurde wahrscheinlich vom Wasser verbreitet.

DINOSAURIER-KINDERSTUBE

Die ersten Dinosauriereier entdeckte man 1922 in einem versteinerten Nest von *Protoceratops* in der Wüste Gobi (S. 32–33). Seither hat man viele Sauriereier gefunden. Als aufregendste Entdeckung erwies sich ein 1978 in Montana (USA) gefundener Nistplatz von *Maiasaurus* („gute Mutterechse"). Diese Saurier scharrten nicht nur Nester für ihre Eier, sie kümmerten sich auch um ihre 35,5 cm großen Jungen, bis diese für sich selbst sorgen konnten.

Affen und Vormenschen

Menschen unterscheiden sich von Tieren durch ihren aufrechten Gang, ihre Wortsprache, den Gebrauch des Feuers und komplizierter Werkzeuge sowie durch ihre Intelligenz. Körperliche Merkmale deuten darauf hin, dass die in Gruppen lebenden und Werkzeuge benutzenden Schimpansen unsere nächsten Verwandten sind. Zusammen mit Gorillas und Schimpansen gehören die Menschen zur Familie der Hominidae. Zusammen mit 200 weiteren Affen- und Halbaffenarten bilden sie die Säugerordnung der Herrentiere (Primaten). Das bedeutet nicht, dass wir von Gorillas und Schimpansen abstammen, aber wir haben denselben frühen Vorfahren wie sie. Seither haben sich die Entwicklungslinien von Menschen und Menschenaffen getrennt. Anhand von Fossilien versucht man, die Verzweigungen des Stammbaums zu rekonstruieren.

AEGYPTOPITHECUS
Die in der oberägyptischen Oase Fayum entdeckten Fossilien von *Aegyptopithecus* sind 32 Mio. Jahre alt, damals wuchs dort tropischer Regenwald. *Aegyptopithecus* ist ein urtümlicher Primat und könnte Vorfahr der Affen und der Menschenaffen sein.

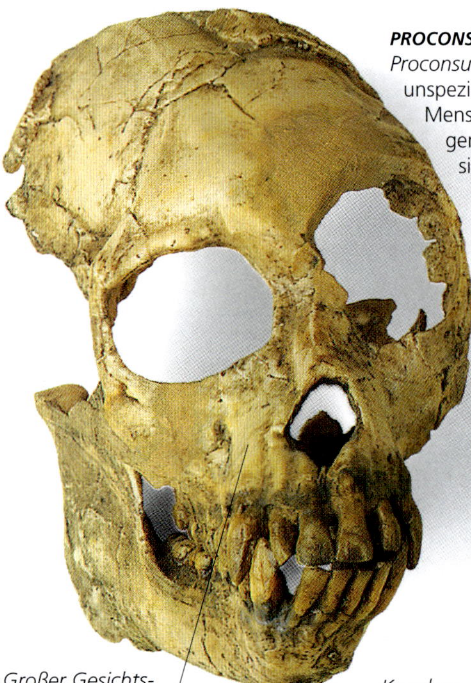

PROCONSUL
Proconsul vereinigt als urtümliche, unspezialisierte Art Affen- und Menschenaffenmerkmale. Ellbogen, Schultergelenke und Füße sind denen der Schimpansen sehr ähnlich, Schädel und Handgelenke ähneln eher denen eines Affen. Wahrscheinlich konnte sich *Proconsul* auf dem Boden und in den Bäumen fortbewegen. Es gab mehrere *Proconsul*-Arten. *Proconsul africanus* lebte vor 20 Mio. Jahren in Gebieten des heutigen Kenia.

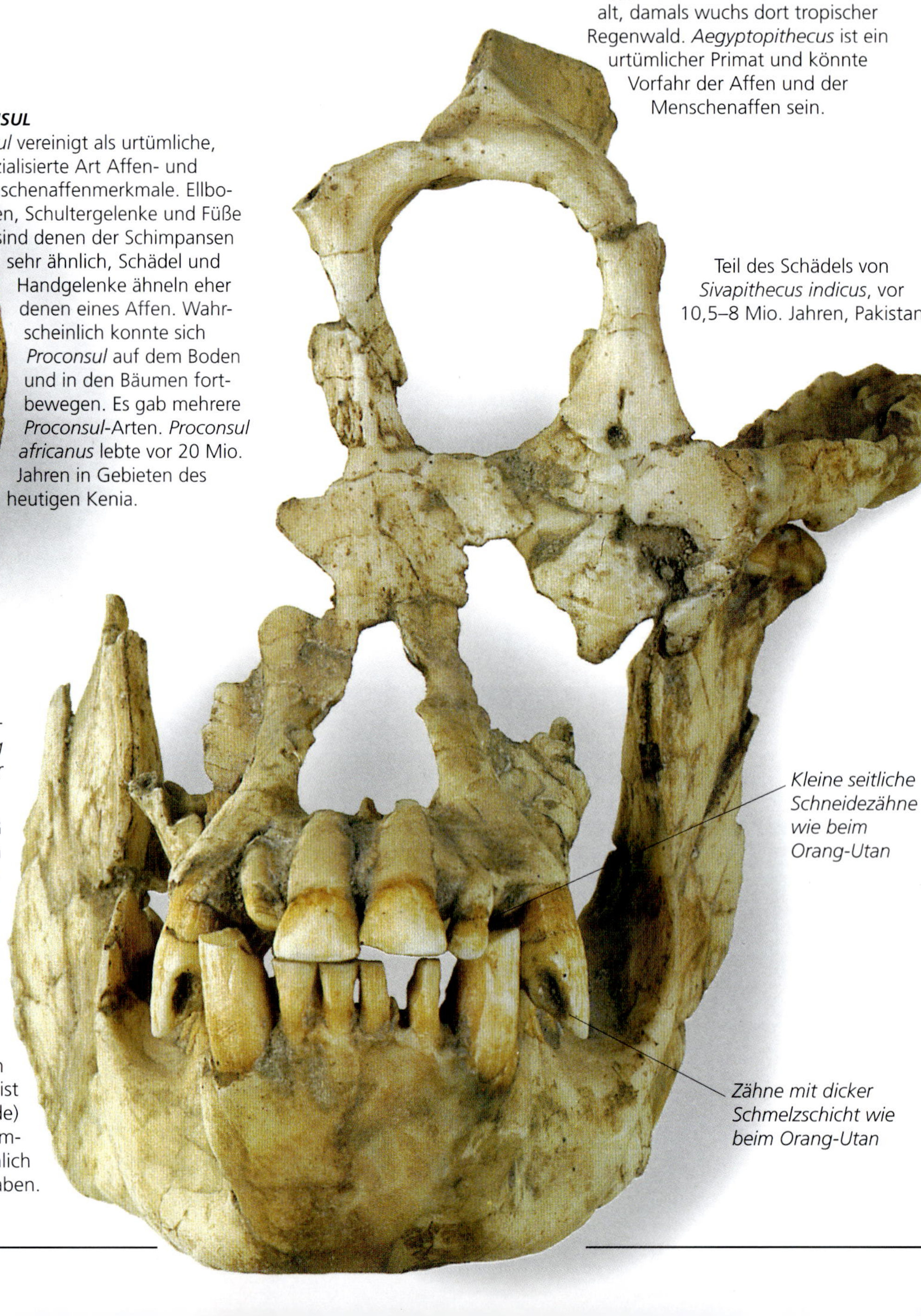

Teil des Schädels von *Sivapithecus indicus*, vor 10,5–8 Mio. Jahren, Pakistan

VORFAHRE DES ORANG
Oft ist es schwierig, eine Verbindung zwischen heutigen Menschenaffen und Fossilien herzustellen. Lediglich der Ursprung des Orang-Utans ist gut dokumentiert. *Sivapithecus* wurde in 13 bis 8 Mio. Jahre altem Gestein aus dem Miozän gefunden und zeigt das lange Gesicht, die vorspringenden Kiefer und die flachen Backenknochen des Orangs. Gorilla und Schimpanse zweigten später vom Stammbaum des Menschen ab. *Sivapithecus* wurde in Indien, Pakistan und der Türkei gefunden und ist somit der älteste Menschenartige (Hominoide) außerhalb Afrikas. Er scheint sich in den baumbestandenen Savannen des Miozäns hauptsächlich auf dem Boden aufgehalten zu haben.

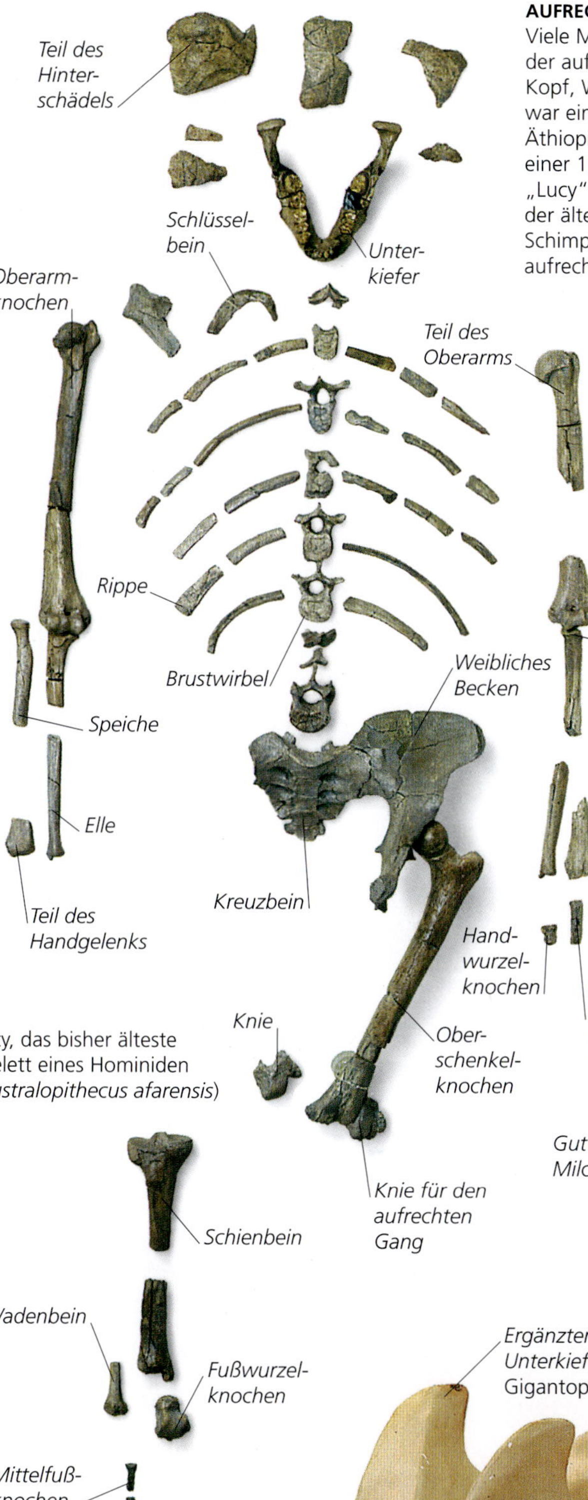

Lucy, das bisher älteste Skelett eines Hominiden (*Australopithecus afarensis*)

AUFRECHT STEHEN

Viele Menschen leiden unter Rückenproblemen, eine Folge der aufrechten Haltung mit einer senkrechten Achse durch Kopf, Wirbelsäule, Becken und Beine. Der aufrechte Gang war ein wichtiger Schritt in der Evolution des Menschen. In Äthiopien fand man ein ungefähr 3 Mio. Jahre altes Skelett einer 1,1 m großen jungen Frau. Sie erhielt den Namen „Lucy". Das Gehirn dieses *Australopithecus afarensis*, eines der ältesten Hominiden, war nicht größer als das eines Schimpansen. Das Becken jedoch war vollständig an den aufrechten Gang angepasst.

SCHRITT NACH VORN

Wir werden Lucy nie gehen sehen. Allerdings fand man in Laetoli Fußspuren von *Australopithecus afarensis*, die die Bedeutung der großen Zehe und des Fußgewölbes zeigen. Vor mindestens 3,5 Mio. Jahren ging *Australopithecus afarensis* aufrecht und konnte Dinge in den Händen tragen und über hohes Gras blicken – lange bevor das Gehirn deutlich an Größe zunahm.

Mary Leakey (S. 56–57) begutachtet bei Laetoli im Norden Tansanias zwei Fußspuren.

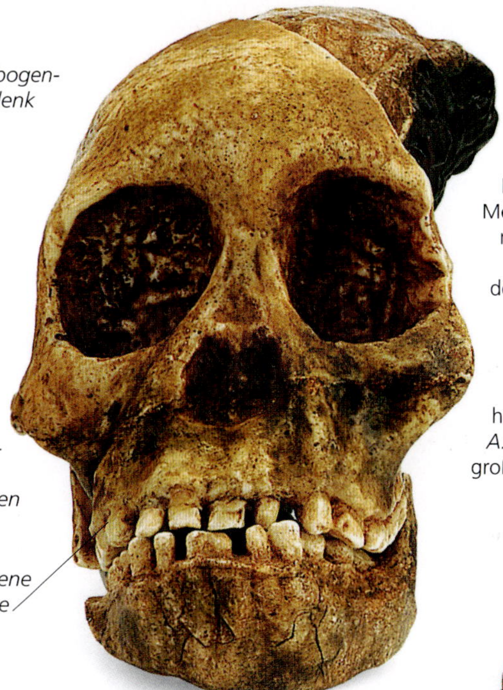

Australopithecus africanus, Schädel eines etwa dreijährigen Kindes

VERSTEINERTES KIND

Australopithecus afarensis ist der älteste bekannte Hominide, hat aber immer noch affenähnliche Züge. Dieses Mosaik von Affen- und Menschenmerkmalen entdeckte man mit dem ersten Fund von *Australopithecus africanus*, dem Schädel von Taung. Dieser Vormensch (2,5–2 Mio. Jahre alt) ist mit einem flacheren Gesicht, kleineren Eckzähnen und einer aufrechteren Kopfhaltung menschenähnlicher als *A. afarensis*. Er wurde bis 1,2 m groß und ungefähr 35 kg schwer.

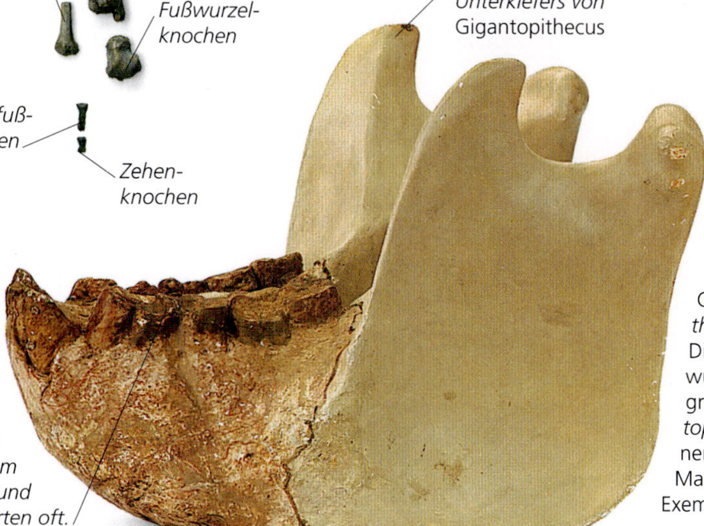

DER ZAHN VOM MARKT

Gigantopithecus, ein Verwandter von *Sivapithecus*, lebte von vor 9 Mio. Jahren in Pakistan bis vor 1 Mio. Jahren in China. Die Größe von *Gigantopithecus* nahm im Lauf der Zeit zu. Die Männer der chinesischen Art wurden 150 kg schwer und 2,4 m groß. Der erste Hinweis auf *Gigantopithecus* war ein 1935 gefundener Zahn von einem chinesischen Markt. Seither hat man Tausende Exemplare gefunden.

SENSATIONELLER FUND

Raymond Dart, Professor für Anatomie in Witwatersrand (Südafrika), nannte 1925 den Schädel von Taung *Australopithecus africanus* („Südaffe aus Afrika"). Der Schädel war in einem Steinbruch freigelegt worden. Darts Deutung des Schädels als Bindeglied zwischen Affe und Mensch war eine Sensation. Es dauerte 20 Jahre, bis man in der Wissenschaft akzeptierte, dass der Mensch aus Afrika stammt und dass sich der aufrechte Gang lange vor dem großen Gehirn entwickelte.

Die ersten Menschen

Die Entstehungsgeschichte des heutigen Menschen (*Homo sapiens*) wurde unter den Wissenschaftlern lange Zeit kontrovers diskutiert. Seit den 1960er-Jahren ergaben jedoch viele neue Fossilfunde und die Anwendung neuer biochemischer Untersuchungsmethoden ein relativ genaues Bild von unserem Ursprung und jeder neue Fund trägt zur weiteren Klärung bei. Der moderne Mensch (*Homo sapiens sapiens*) ist etwa 195 000 Jahre alt. Nach neueren Befunden entstand auch er in Afrika und hat von dort aus die ganze Welt besiedelt. Im Nahen Osten zumindest lebte er über 50 000 Jahre lang im selben Gebiet wie der Neandertaler (*Homo sapiens neanderthalensis*), der vor etwa 30 000 Jahren ausstarb.

OLDUWAI-SCHLUCHT
In der Olduwai-Schlucht (östliche Serengeti, Tansania) kann man Gesteinsschichten mit einem Alter von 100 000 (oben) bis 2 Mio. Jahren (unten) untersuchen. Hier entdeckten Louis Leakey (1903–1972) und seine Frau Mary (1913–1966) den ersten *Homo erectus* und 1961 den ersten *Homo habilis*, einen 1,8 Mio. Jahre alten Schädel.

Schädel von *Homo habilis*

Die Zähne ähneln denen von Australopithecus africanus.

Vollständig behaarter Körper

Steinhammer zum Zerschmettern von Knochen oder zur Werkzeugherstellung

Homo habilis *(„der geschickte Mensch") stellte verschiedene Werkzeuge her.*

Rekonstruktion von *Homo habilis*. Er ging aufrecht und hatte ein großes Hirn.

GESCHICKTER MENSCH
Während der übrige Körper von *Homo habilis* noch zahlreiche Gemeinsamkeiten mit *Australopithecus* aufweist, weicht der Schädel ab. Insbesondere sein Gehirn war mit durchschnittlich 630 cm^3 anderthalbmal so groß wie das von *Australopithecus africanus*.

WERKZEUGMACHER
Auch Schimpansen können Werkzeuge herstellen, und wahrscheinlich hat auch *Australopithecus* Werkzeuge benutzt. Dennoch war *Homo habilis* der erste Mensch, der planmäßig Steine gesammelt und sie mit anderen Steinen zu verschiedenen Werkzeugtypen, wie Haumesser, Meißel oder Schaber, geformt hat. Durch seine Werkzeuge konnte er sich andere Nahrungsquellen erschließen als die zur selben Zeit in Ostafrika lebende *Australopithecus*-Art, die auf reine Pflanzennahrung spezialisiert war. Das Gebiss von *Homo habilis* deutet auf Mischkost hin.

*Homo-erectus-*Schädel aus Koobi Fora, nördliches Kenia

Niedriger Hirnschädel und deutlicher Überaugenwulst

Großer Augenabstand

Breite untere Schädelhälfte

AUFRECHT

Das erste Fossil von *Homo erectus* entdeckte der holländische Arzt Eugène Dubois 1890 auf Java. Zunächst war *Homo erectus* nur aus Asien bekannt, dann allerdings entdeckte man seine Fossilien auch in Afrika. Das älteste Fossil fanden die Leakeys – es ist 1,8 Mio. Jahre alt. Aufgrund dieser Funde nimmt man an, dass *Homo erectus* in Afrika entstand und sich bis vor 1 Mio. Jahren nach Asien ausbreitete.

Schädel von *Homo sapiens neanderthalensis* aus dem Neandertal bei Düsseldorf

Das Gehirn ist so groß wie beim modernen Menschen.

Auffällige Überaugenwülste

Fliehende Stirn

DICKSCHÄDEL

1856 entdeckten Arbeiter in einem Steinbruch im Neandertal bei Düsseldorf einen Schädel und weitere Knochen eines vorgeschichtlichen Menschen, der nach seinem Fundort benannt wurde. Vor mindestens 130 000 Jahren besiedelten Neandertaler Europa. Die meisten Funde sind 35 000–70 000 Jahre alt.

Schädel eines männlichen Neandertalers, gefunden bei La Ferrassie

Kräftiges, hervortretendes Gebiss

GROSSES GEHIRN

Neandertaler hatten eine fliehende Stirn, einen langen, niedrigen Schädel und deutliche Überaugenwülste. Eine große Nase prägte das vorspringende Gesicht. Das Kinn fehlt meist wie bei diesem Fund aus der Höhle von La Ferrassie in Südwestfrankreich. Das durchschnittliche Gehirnvolumen von etwa 1500 cm^3 war größer als das des heutigen Menschen. Dieser 50 000 Jahre alte Schädel eines Mannes hat sogar ein Gehirnvolumen von 1600 cm^3. Neandertaler lebten vielerorts neben dem modernen Menschen. Sie sind ein blind endender Zweig des menschlichen Stammbaums.

Großer Unterkiefer und große Zähne

Kräftiger Oberarmknochen

BESTATTUNGSRITEN

Die Neandertaler waren vielleicht die ersten Menschen, die ihre Toten bestatteten. In der Kebara-Höhle am Berg Carmel bei Haifa (Israel) wurde vor 60 000 Jahren das Skelett eines jungen Mannes ohne den Schädel beigesetzt. Der Unterkiefer wurde neben dem Skelett begraben, nachdem das Fleisch verwest war. In anderen Gräbern fand man Spuren von Blumen.

NEANDERTALER

Vorneandertaler traten vor 400 000 Jahren, Neandertaler vor 130 000 Jahren in Europa und Westasien auf. Ihren untersetzten Körperbau deutet man als Anpassung an das Klima der Eiszeit. Viele Forscher meinen, ein Neandertaler im eleganten Anzug würde in einer Straßenbahn nicht auffallen.

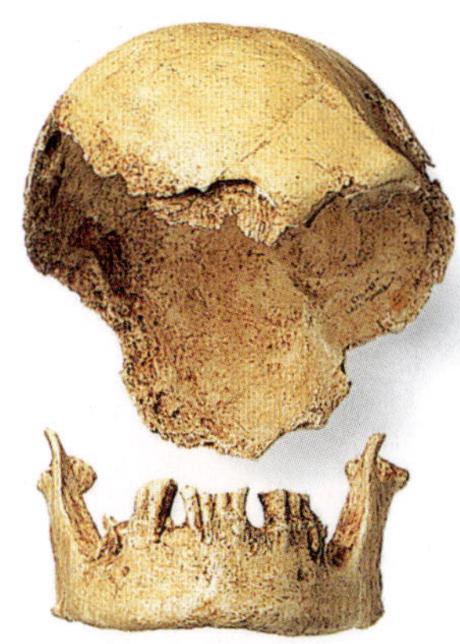

EINWANDERER

Die ältesten Skelettfunde aus Australien entdeckte man am Mungosee, sie sind 40 000–50 000 Jahre alt. Neben diesen modernen Menschen hat man jüngere Fossilien mit urtümlicheren Merkmalen gefunden. Vielleicht wurde Australien mehrfach besiedelt.

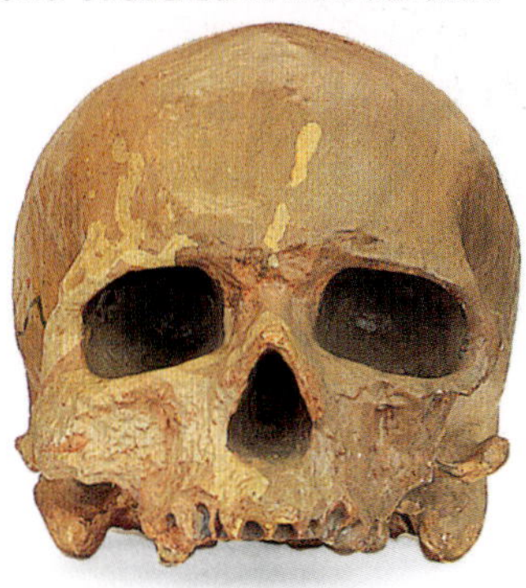

Schädel von Cro-Magnon

DER MODERNE MENSCH

Vor 30 000 Jahren besiedelten moderne Menschen das eiszeitliche Europa. Nach einem französischen Felsunterschlupf heißen sie Cro-Magnon-Menschen. Sie trugen Felle, stellten knöcherne Harpunen und feine Werkzeuge her, bauten Hütten oder lebten in Höhlen. Vom Neandertaler unterschieden sie sich durch ihre Kultur und ihren großen schlanken Körper.

Eiszeiten

Panthera leo spelaea (Höhlenlöwe), Eiszeit, Europa

Es gibt über 50 verschiedene Ansätze, die Entstehung von Eiszeiten zu erklären. So könnten Veränderungen der Erdbahn um die Sonne eine Rolle gespielt haben oder Vulkanausbrüche, deren Staubmassen die Sonne verdunkelten, sodass diese die Erde nicht mehr so stark erwärmen konnte. Schon das geringfügige Absinken der weltweiten Temperaturen um 2 °C kann dazu führen, dass in manchen Gebieten der Schnee nicht mehr schmilzt, sodass Gletscher entstehen und die Sonnenstrahlen stärker reflektieren als vorher. In einer Eiszeit wechseln sich Kalt- und Warmzeiten ab. In den letzten 2 Milliarden Jahren gab es auf der Erde immer wieder mit Klimawechsel. Gegenwärtig befinden wir uns in einer Warmzeit.

HÖHLENLÖWE
Heute leben Löwen nur noch in Afrika und Indien. Der europäische Höhlenlöwe starb vor 10 000 Jahren aus. Seine Fossilien findet man in Ablagerungen aus Warmzeiten, in denen er in weiten Steppenlandschaften jagte.

Efeu

PFLANZENTHERMOMETER
Einige Pflanzen wachsen nur in warmem Klima, andere ertragen kältere Temperaturen. In Nordeuropa gedeiht Efeu nur, wenn die durchschnittlichen Temperaturen im Winter nicht unter −1,5 °C liegen. Anhand von Efeupollen in Ablagerungen kann man die Wärmeperioden während der Eiszeit erkennen.

Kleine Ohren verringern den Wärmeverlust.

Die gewaltigen Stoßzähne sind aufwärts- und nach innen gebogen.

Dichte Unterwolle

Wärmendes Fell bedeckt sogar den Rüssel.

MAMMUT
Das Wollmammut (*Mammuthus primigenius*) ist vielleicht das bekannteste Eiszeittier. Es erreichte eine Schulterhöhe von 3 m, trug ein langes dunkles, zottiges Fell und eine dicke isolierende Fettschicht. In den kalten Tundren Nordamerikas, Asiens und Europas lebten viele Wollmammute. Man schätzt, dass entlang der 1500 km langen sibirischen Küste noch 500 000 t des begehrten Elfenbeins der Mammutstoßzähne begraben liegen. Früher nahm man an, das Mammut sei vor 10 000 Jahren ausgestorben. Heute zeigen Funde, dass noch vor 4000 Jahren Mammute lebten.

TIEFGEFROREN
Das kleine Mammut Dima war 6 Monate alt, als es starb. Dima lag tiefgefroren 40 000 Jahre lang im ewigen Eis Sibiriens, bis sie 1977 von Goldgräbern entdeckt wurde. Selbst das rötliche Fell war erhalten geblieben.

An der Wurzel hängt eine Muschelschale.

Zahn eines Wollmammuts

FESTER BODEN UNTER DEN FÜSSEN
Dieser Mammutzahn vom Meeresboden der Nordsee zeigt, dass hier während der Eiszeit Festland war. Die Gletscher hatten so viel Wasser gebunden, dass der Meeresspiegel um bis zu 100 m sank. Eiszeitliche Tiere konnten über Landbrücken von Asien nach Amerika, von Neuguinea nach Australien und vom europäischen Festland nach England gelangen.

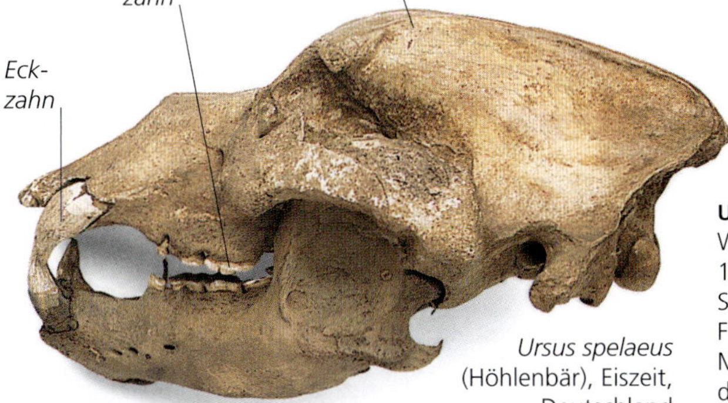

Ursus spelaeus (Höhlenbär), Eiszeit, Deutschland

HÖHLENBÄR

Eines der häufigsten Raubtiere der Eiszeit war der Höhlenbär, der deutlich größer wurde als heutige Braunbären. Fossilien von Höhlenbären findet man häufig im Geröllschutt am Boden von Höhlen, in denen die Tiere wahrscheinlich ihre Winterruhe verbrachten und starben. In einer österreichischen Höhle fand man die Überreste von über 30 000 Tieren.

Coelodonta antiquitatis (Fellnashorn), Jungeiszeit, Arktis

URMALER

Während der letzten großen Vereisung vor 18 000 Jahren grasten in den südeuropäischen Steppen Wollnashörner neben Mammuten. Fossilien und Höhlenzeichnungen der Cro-Magnon-Menschen (S. 56–57), die damals in der französischen Dordogne lebten, belegen das Vorkommen dieser Tiere.

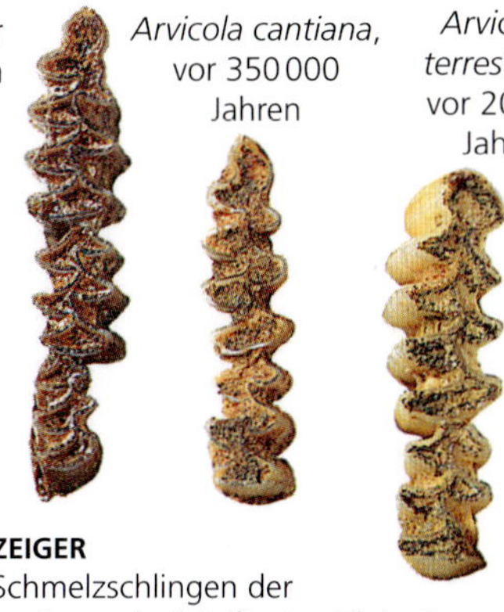

Mimomys savini, vor 600 000 Jahren

Arvicola cantiana, vor 350 000 Jahren

Arvicola terrestris, vor 2000 Jahren

ZEITZEIGER

Die Schmelzschlingen der Schermäuse, der häufigsten Kleinsäuger aus eiszeitlichen Ablagerungen, haben für jede Art kennzeichnende Muster. Diese Zähne zeigen das Alter der Ablagerungen an.

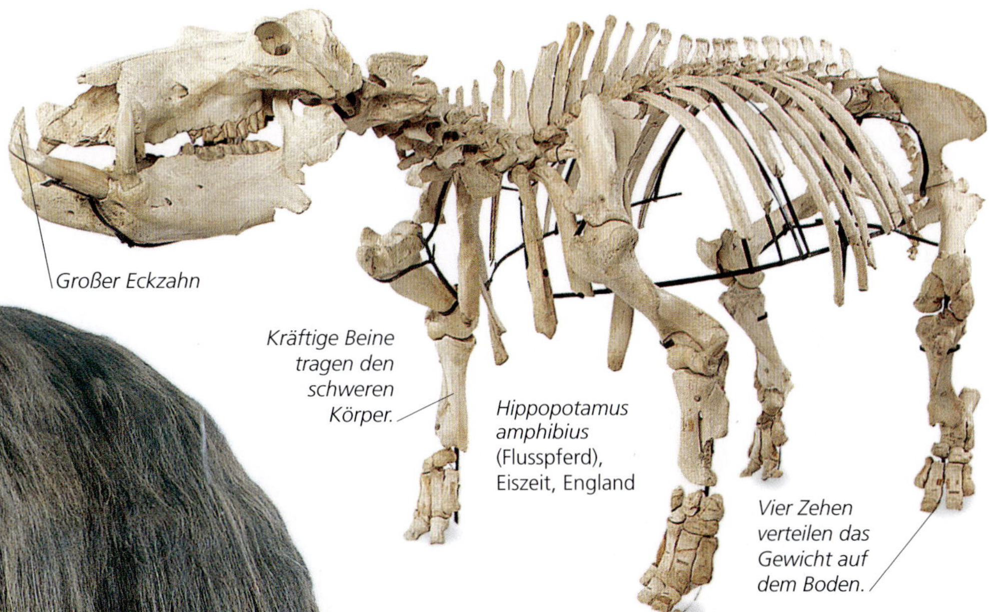

Hippopotamus amphibius (Flusspferd), Eiszeit, England

FLUSSPFERD

In der letzten Warmzeit vor 120 000 Jahren lebten in England Hyänen, Bisons und Flusspferde. Das vollständige Skelett und andere Fossilien aus Südengland gehören zum Flusspferd (*Hippopotamus amphibius*), das heute nur noch in Afrika südlich der Sahara vorkommt. Als das Klima kälter wurde, verschwanden Flusspferde aus Europa und widerstandsfähigere Arten nahmen ihren Platz ein.

Rekonstruktion von *Mammuthus primigenius* (Wollmammut), Eiszeit, Arktis

EISZEITLANDSCHAFT

Auf dem Höhepunkt der letzten Vereisung vor 18 000 Jahren bedeckten Eisschilde Nordamerika und Europa und ein weiterer, kleinerer Eisschild die Antarktis. Zeugen der Eiszeit sind die von Gletschern gegrabenen Täler, Moränen und Findlinge sowie die Fossilien von Pflanzen und Tieren, die in dieser eisigen Umwelt lebten.

Aussterben

Megaloceros giganteus, Eiszeit, Irland

Für die Evolution ist der Tod ebenso wichtig wie die Geburt. Denn das Aussterben einer Tiergruppe schafft für eine andere die Möglichkeit, sich schnell zu entwickeln und den freien Platz einzunehmen. In der Geschichte der Erde ist es mehrfach zu Massenaussterben gekommen. Das größte Artensterben aller Zeiten erfolgte am Ende des Perms (vor 251 Millionen Jahren) und vernichtete über die Hälfte der Familien der Meereslebewesen und zwei Drittel der Landlebewesen. Für die Ursache des Sauriersterbens am Ende der Kreidezeit vor 65 Millionen Jahren gibt es viele Erklärungsversuche. Eine schmale Tonschicht zwischen kreide- und tertiärzeitlichen Ablagerungen erzählt eine Version: Diese weltweit auftretende Schicht enthält das seltene Element Iridium in Mengen, wie sie nur in Meteoriten vorkommen. Die Diskussion, ob die Dinosaurier möglicherweise durch einen gigantischen Meteoriteneinschlag ausgemerzt wurden, hält bis heute an.

Wie die heutigen Hirsche warf Megaloceros *sein Geweih ab und erneuerte es jedes Jahr.*

Beim lebenden Tier bedeckte und ernährte ein samtartiger Bast das Geweih, wenn es jeden Sommer neu wuchs.

Ein neues Geweih erreichte seine volle Größe im frühen Herbst.

Im Frühjahr bildeten sich auf der Stirn zwei Erhebungen, aus denen im Lauf des Sommers das Geweih entstand.

Nasenöffnung

Megaloceros (Riesenhirsch)

RIESENHIRSCH
Der Riesenhirsch lebte in den eiszeitlichen Steppen Europas. Mit vielen anderen großen Säugern starb er am Ende der Eiszeit (von vor 18 000 bis vor 9000 Jahren) aus. Große Tiere sterben schneller aus als kleine. Sie kommen in geringerer Zahl vor und brauchen ein größeres Revier. Zum Verschwinden von *Megaloceros* führten Klimaänderungen und Verfolgung durch den Menschen.

VATER UND SOHN
In den 1970er-Jahren untersuchten der Geologe Walter Alvarez und sein Vater, der Physiker Luis Alvarez, das seltene Element Iridium in der Tonschicht vom Ende der Kreidezeit. Sie berechneten, dass die Ablagerung des Meteoritenstaubs in der relativ kurzen Zeit von etwa 1000 Jahren erfolgt sein muss.

Eine Probe von 65 Mio. Jahre altem Ton

Die Magnolie überlebte das Massenaussterben am Ende der Kreidezeit.

VERBLÜHTE BLUMEN
Nicht nur Tiere starben am Ende der Kreidezeit aus, auch Pflanzen waren betroffen. In Gesteinen direkt unter der iridiumreichen Tonschicht stellen Blumenpollen 80 % aller Pollen und Sporen. Direkt über dieser Schicht überwiegen Farnsporen. Dann nimmt die Zahl der Pollen wieder zu und bezeugt die Rückkehr der Blütenpflanzen.

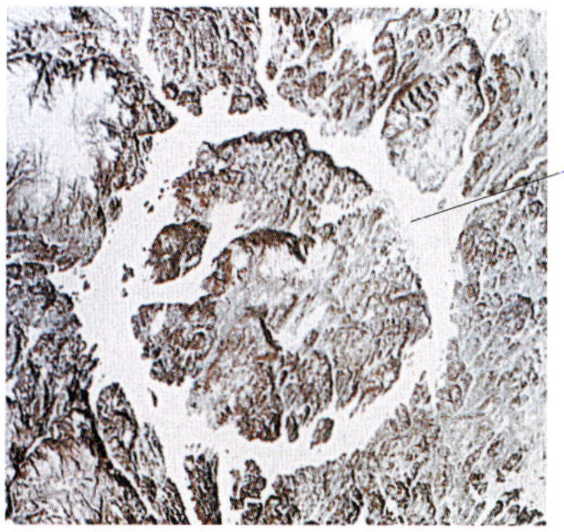

Krater vom Einschlag eines Meteoriten

EINSCHLAG

Meteoriteneinschläge haben überall auf der Erdoberfläche Krater hinterlassen. Sie wurden aber meist durch die Pflanzendecke und durch Erosion eingeebnet. Dieser 210 Mio. Jahre alte Krater bei Manicougan in Québec (Kanada) hat einen Durchmesser von 70 km. Der Meteorit vom Ende der Kreidezeit muss 10 km gemessen und einen Krater von 150 km Durchmesser hinterlassen haben.

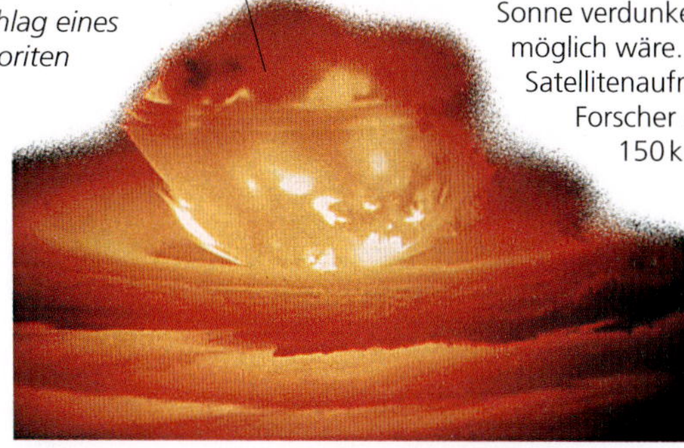

Wolke von einer Atombombenexplosion

… UND DIE SONNE VERFINSTERT SICH

Die Energie eines 10 km großen Meteoriten würde alle Atomwaffen zusammen übertreffen. Feuer, Flutwellen und Stürme würden um den Erdball rasen. Staub würde in die Atmosphäre geschleudert und die Sonne verdunkeln, sodass jahrelang kein pflanzliches Leben möglich wäre. Meteoriteneinschläge scheinen selten zu sein, Satellitenaufnahmen zeigen jedoch eine Fülle von Kratern. Forscher schätzen, dass etwa alle 100 Mio. Jahre ein 150 km großer Krater entsteht.

TOD DER DINOSAURIER

Am Ende der Kreidezeit (vor 65 Mio. Jahren) starben die Dinosaurier schnell aus, und die Säuger übernahmen die Herrschaft (S. 44–49). Möglicherweise hatten die Dinosaurier bereits ihren Höhepunkt überschritten, aber die fossilen Nachweise über die Dinosaurier am Ende der Kreidezeit sind lückenhaft. Sie verschwanden in kurzer Zeit für immer von der Erde und mit ihnen die großen Meeres- und Flugsaurier, die Ammoniten und viele Armfüßer (S. 16–17).

Die Geweihspannweite konnte bis 3,5 m betragen. Der Hirsch selbst war etwa so groß wie ein Elch.

In jedem Herbst diente das Geweih den Hirschen zu Rivalenkämpfen.

SCHRIFT IM FELS

Graptolithen waren frei im Meer schwebende Tierkolonien. Ihr Name leitet sich von den griechischen Wörtern für „schreiben" und „Fels" ab. In Wirklichkeit waren sie nicht flach, sondern lange Äste mit winzigen Bechern. In jedem Becher saß ein kleines Tier. Kolonien von Graptolithen gab es in vielen Formen, von der Spirale über einen Fächer bis zum Zwilling (wie *Didymograptus*). Graptolithen, die wichtigsten Leitfossilien für Ordovizium und Silur, starben im Karbon aus. Einige Forscher glauben jedoch, dass solche Tiere irgendwo in der Tiefsee noch leben könnten.

Didymograptus murchisoni, Unteres Ordovizium, Großbritannien

Platt gedrückter Zweig

AUSGEROTTET

Menschliche Eingriffe können für Tiere verheerend sein. Heute sind Nashörner, Elefanten und Tiger vom Aussterben bedroht. Die Dronte, ein großer, flugunfähiger Vogel, lebte auf Mauritius im Indischen Ozean, bis gegen Ende des 17. Jh. Menschen Schweine und andere Tiere einführten, die den Lebensraum der Dronte zerstörten. Kaum 100 Jahre nach ihrer Entdeckung war die Dronte ausgerottet.

Fossilienjäger

Fossilien kann man an vielen Orten im nackten Gestein finden, zum Beispiel in Steinbrüchen und an den Küsten. Zum Sammeln benötigt man keine große Ausrüstung. Es ist besser, im lockeren Gestein zu suchen, als mit einem Hammer bewaffnet in den Felsen umherzuklettern. Am Meer muss man auf die Gezeiten achten (Tidenkalender). Selbstverständlich darf man kein Grundstück ohne die Erlaubnis des Besitzers betreten. Einige Fundstellen sind so bekannt, dass das Sammeln verboten ist, um die Fossilien für die Allgemeinheit zu erhalten.

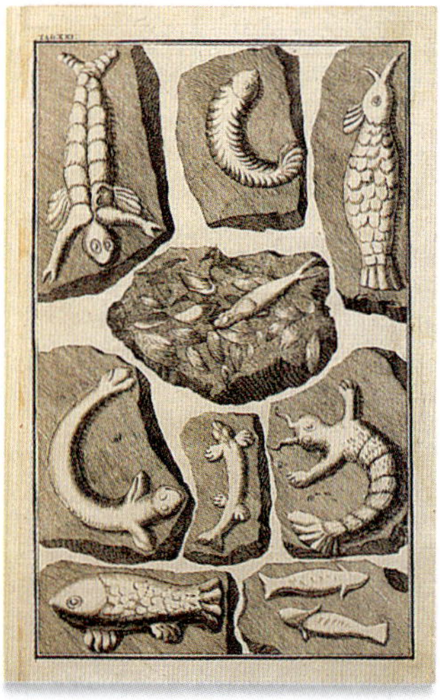

FALSCHE FOSSILIEN
Steine haben oft eine interessante und seltsame Gestalt, sodass man sie für Fossilien halten kann. Ein Vergleich mit Museumsstücken räumt Zweifel aus. So kann man auch Fälschungen entlarven. Es hat bekannte Fälschungen gegeben wie diese Meereslebewesen, die in einem deutschen Buch von 1726 abgebildet sind. Am bekanntesten ist der Piltdown-Mensch, der die Wissenschaftler jahrzehntelang vor ein Rätsel stellte: Ein Affenunterkiefer war mit einem Menschenschädel vergraben worden.

FOSSILE SPUR
Einige Fossilien wie Fußspuren kann man nicht aus dem Gestein herauslösen. Aber man kann einen Gipsabdruck anfertigen. Fußspuren und große Skelette können eine große Fläche bedecken. Dann sind erhebliche Anstrengungen notwendig, um die ganze Spur (wie diese Dinosaurierfährte) freizulegen.

Sicherheitsausrüstung und Sammelwerkzeuge für junge Fossilienjägerinnen und -jäger

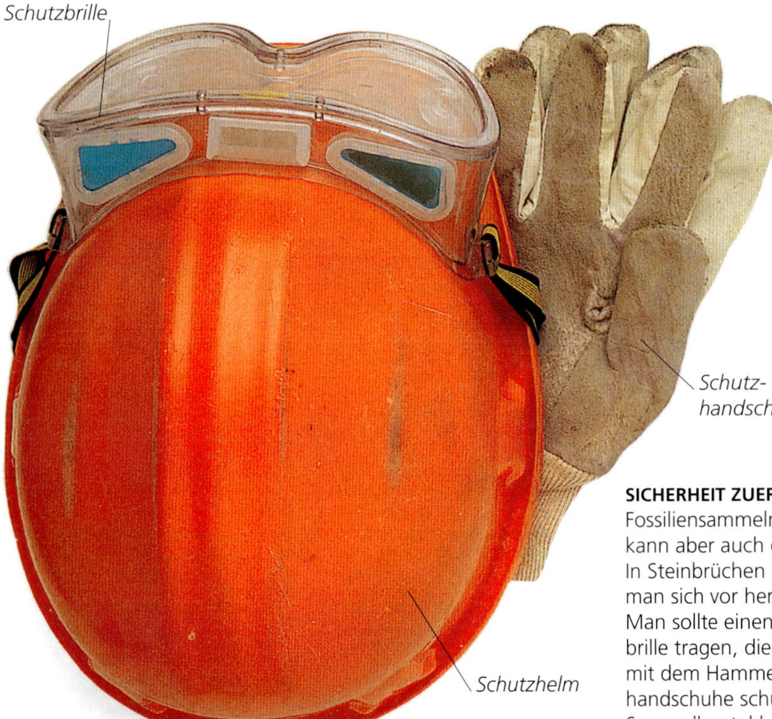

FELDWERKZEUGE
Geologenhämmer sind nützlich zum Aufbrechen von Gesteinsbrocken. Mit Fäustel und Meißel kann man flache Felsstücke abschlagen, die Fossilien enthalten könnten.

SICHERHEIT ZUERST
Fossiliensammeln macht Spaß, kann aber auch gefährlich sein. In Steinbrüchen und an Klippen muss man sich vor herabfallenden Steinen hüten. Man sollte einen Schutzhelm und eine Schutzbrille tragen, die die Augen beim Abschlagen mit dem Hammer vor Splittern schützt. Schutzhandschuhe schützen vor scharfen Kanten. In einem Sammelbeutel kann man die Funde transportieren.

Alte geologische Karte für beide Seiten des Ärmelkanals

KARTENKUNDE

Nicht alle Gesteine enthalten Fossilien. Wie erfährt man, wo man die richtigen Steine findet? So wie auf geografischen Karten Städte, Berge und Flüsse eingezeichnet sind, sind auf geologischen Karten die Gesteinsschichten unter der Erdoberfläche eingetragen. Mit einer solchen Karte kann man die richtigen Gesteine finden.

Luftdruckbetriebenes Gravierwerkzeug

Diamantbesetzte Miniatursäge

Kleiner Hammer und Meißel

FREILEGEN

Manchmal werden Fossilien mit Gestein gesammelt. Es gibt aber viele Möglichkeiten, sie herauszuarbeiten. Mit Chemikalien kann man das umgebende Gestein auflösen, aber das kann sehr lange dauern. Vielleicht kann man das Gestein vom Fossil absammeln oder abbürsten. Hartes Gestein muss man mit Hammer und Meißel abschlagen.

FEINE WERKZEUGE

Mit kleinen Meißeln kann man nahe am Fossil arbeiten, mit Pinseln entfernt man Staub und Steinchen. Mit Zahnbürste und Wasser kann man Schmutz von einer festen Fossiloberfläche entfernen. Ein zerbrochenes Fossil kann man mit einer Pinzette vorsichtig zusammenfügen und kleben. Notizen können für die weitere Arbeit nützlich sein.

Staubpinsel

Schmaler Meißel

Zahnbürste

Feine Pinzette

AUFZEICHNUNGEN

Es gibt viele alte und neue Bücher über die Fossilien bestimmter Fundstellen und allgemeine Bestimmungsbücher. Mit diesen Werken kann man ein Fossil bestimmen, bei seltenen Stücken muss man allerdings oft viele Bücher zurate ziehen. Eine beschriftete Skizze kann bei der Untersuchung von Form und Einzelheiten nützlich sein.

Mahlzahn von *Gomphotherium*

ZERBRECHLICH

Fossilien sind oft zart und zerbrechlich. Einige kann man in Papiertücher einwickeln und in einer Schachtel aufbewahren. Der Mahlzahn des Urelefanten *Gomphotherium* (S. 48–49) benötigte eine Spezialbehandlung. Mit flüssigem Kunststoff kann man die Oberfläche härten und kleine Risse füllen.

Stammbaum des Lebens

Alle Lebewesen auf der Erde stehen miteinander in Beziehung und alle haben einen gemeinsamen Vorfahren, der in „grauer" Vorzeit lebte. Deshalb sind auch die Menschen mit allen anderen Lebensformen verwandt. Die Klärung dieser Verhältnisse ist eine der Aufgaben moderner Biologie. Paläontologen und andere Biowissenschaftler arbeiten gemeinsam am Projekt „Stammbaum des Lebens", um mit seiner Hilfe alle vergangenen und gegenwärtigen Verwandtschaftsverhältnisse aufzuzeigen.

VERWANDTSCHAFTLICHE BEZIEHUNGEN
Mit Stammbäumen (Kladogramme) kann man Lebewesen klassifizieren und den Weg der Evolution nachzeichnen. Jeder Verzweigungspunkt in einem solchen Kladogramm steht für einen Evolutionssprung – ein neues Merkmal, das alle Nachkommen ab sofort unverwechselbar macht. Alle verwandtschaftlichen Formen, die dieses Merkmal teilen (z. B. Federn), bilden eine natürliche Gruppe, eine Klade. Vögel bilden z. B. eine solche Klade. So lassen sich Verwandtschaften und Evolutionsverläufe nachbilden.

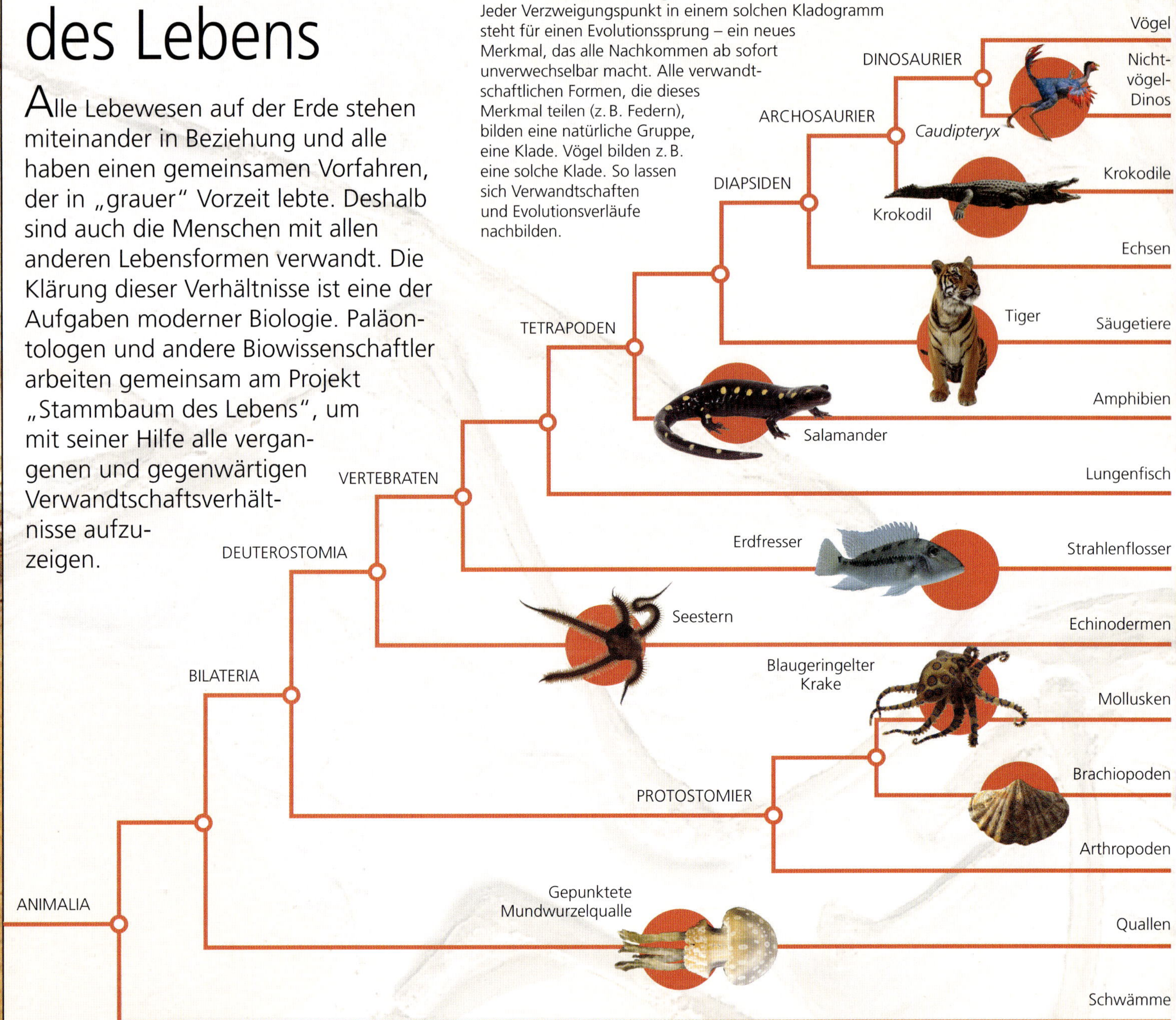

Ofenrohrschwamm

TIERE
Alle Tiere, vom Säugetier bis zur Echse, von der Muschel bis zum Schwamm, haben einen gemeinsamen Urahn. Die meisten Tiere sind mobil und enthalten winzige komplexe Zellen, die aus Miniaturstrukturen bestehen, den Organellen. Anders als die Pflanzen können Tiere nicht ihre eigene Nahrung herstellen, sondern müssen Pflanzen oder andere Tiere fressen.

Käfer

BILATERIA
Alle Tiere außer Schwämme, Quallen und Korallen sind Bilateria (Zweiseitentiere). Sie stammen von einem Urahn ab, dessen Körper symmetrisch aufgebaut war. Alle Bilateria haben einen Vorder- und einen Hinterleib, eine Ober- und eine Unterseite. Die eingezeichnete Strichellinie ist die Symmetrieachse des Käfers. Schwämme und Quallen sind nicht symmetrisch: Sie haben zwar eine Ober- und Unterseite, aber keinen Vorder- und Hinterleib.

DEUTEROSTOMIA
Dazu zählen Stachelhäuter (Echinodermen) und Wirbeltiere (Vertebraten). Obwohl sehr verschieden, teilen beide Gruppen ein gemeinsames Merkmal aus der Embryonalzeit. Die erste Öffnung, die sich am Embryo bildet, die Blastopore, wird zum After. Deshalb sind kurioserweise der Seestern und seine Sippschaft die nächsten Verwandten der Wirbeltiere. Der andere Verwandtenzweig der Wirbellosen (Invertebraten), die Protostomier, ist verwandtschaftlich viel weiter entfernt.

Seesterne sind nahe Verwandte der Wirbeltiere.

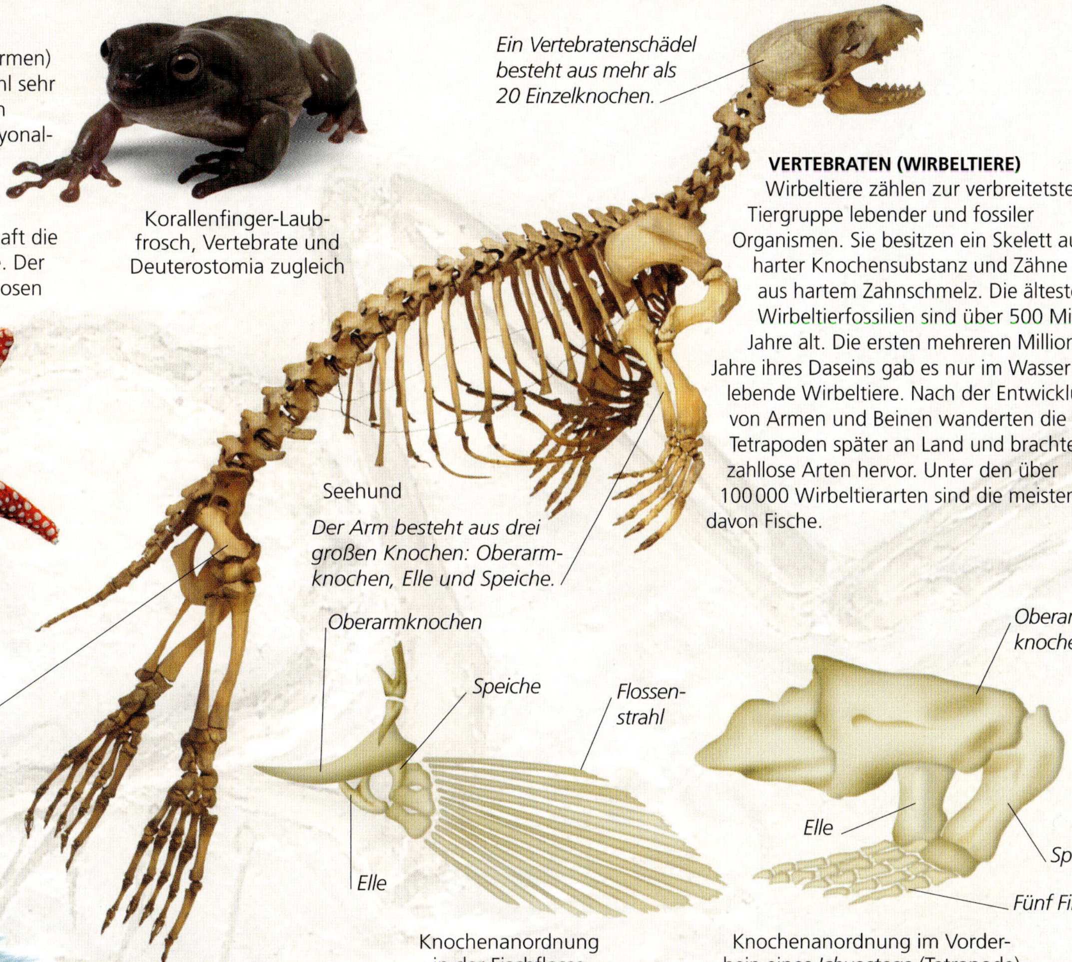

Korallenfinger-Laubfrosch, Vertebrate und Deuterostomia zugleich

Seehund

Knochenanordnung in der Fischflosse

Knochenanordnung im Vorderbein eines *Ichyostega* (Tetrapode)

VERTEBRATEN (WIRBELTIERE)
Wirbeltiere zählen zur verbreitetsten Tiergruppe lebender und fossiler Organismen. Sie besitzen ein Skelett aus harter Knochensubstanz und Zähne aus hartem Zahnschmelz. Die ältesten Wirbeltierfossilien sind über 500 Mio. Jahre alt. Die ersten mehreren Millionen Jahre ihres Daseins gab es nur im Wasser lebende Wirbeltiere. Nach der Entwicklung von Armen und Beinen wanderten die Tetrapoden später an Land und brachten zahllose Arten hervor. Unter den über 100 000 Wirbeltierarten sind die meisten davon Fische.

TETRAPODEN
Die Tetrapoden oder Landwirbeltiere entwickelten sich im Devon vor rund 395 Mio. Jahren aus den Fischen. Sie haben ein sehr prägnantes gemeinsames Merkmal – je zwei Vorder- (Hände) und Hinterbeine (Füße) mit jeweils Fingern bzw. Zehen. Damit unterscheiden sie sich von den Flossen der Fische. Hände und Füße erlauben ihre Fortbewegung an Land. Dazu tragen auch der robuste Brustkorb und der feste Hals bei, der den oft schweren Kopf trägt. Gegenwärtig bilden Vögel, Säugetiere, Reptilien und Amphibien die Gruppe der Tetrapoden.

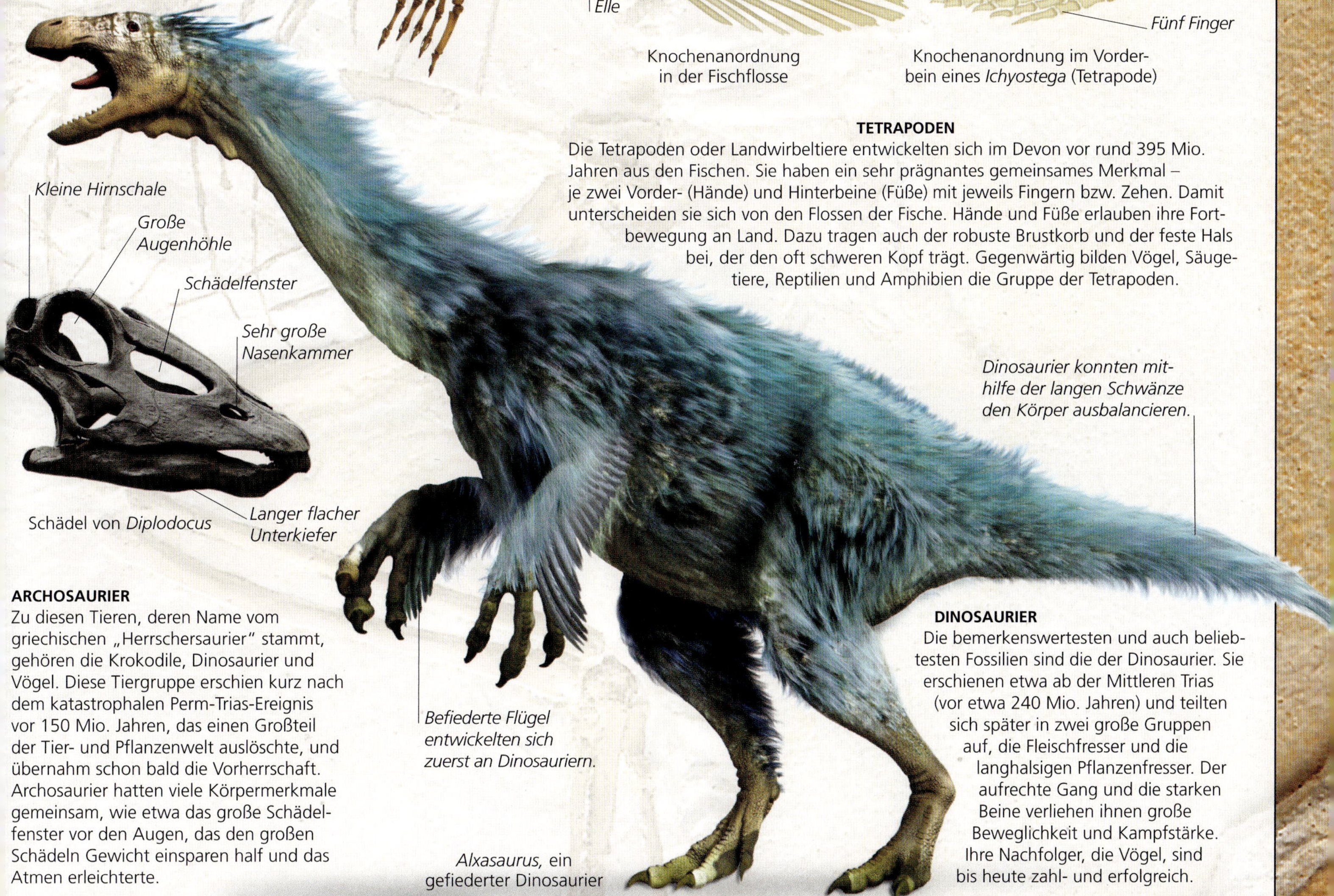

Schädel von *Diplodocus*

Alxasaurus, ein gefiederter Dinosaurier

ARCHOSAURIER
Zu diesen Tieren, deren Name vom griechischen „Herrschersaurier" stammt, gehören die Krokodile, Dinosaurier und Vögel. Diese Tiergruppe erschien kurz nach dem katastrophalen Perm-Trias-Ereignis vor 150 Mio. Jahren, das einen Großteil der Tier- und Pflanzenwelt auslöschte, und übernahm schon bald die Vorherrschaft. Archosaurier hatten viele Körpermerkmale gemeinsam, wie etwa das große Schädelfenster vor den Augen, das den großen Schädeln Gewicht einsparen half und das Atmen erleichterte.

DINOSAURIER
Die bemerkenswertesten und auch beliebtesten Fossilien sind die der Dinosaurier. Sie erschienen etwa ab der Mittleren Trias (vor etwa 240 Mio. Jahren) und teilten sich später in zwei große Gruppen auf, die Fleischfresser und die langhalsigen Pflanzenfresser. Der aufrechte Gang und die starken Beine verliehen ihnen große Beweglichkeit und Kampfstärke. Ihre Nachfolger, die Vögel, sind bis heute zahl- und erfolgreich.

Vielfalt der Lebewesen

Die Geschichte des Lebens ist auch eine Geschichte der Entstehung neuer Arten und der Auslöschung bestehender Lebensformen. Seit den ersten Lebewesen vor über 3 Milliarden Jahren entwickelten sie sich in einem fortwährenden Auf und Ab. Insgesamt nahm die Artenvielfalt ständig zu, wurde aber durch fünf große Einschnitte, den Massenaussterben, stark dezimiert. Ungeachtet des letzten Massenaussterbens am Ende der Kreidezeit, das die Dinosaurier auslöschte, ist die Menschheit „auf dem besten Weg", durch ihre verschwenderische Lebensweise das sechste Massenaussterben zu befördern.

MASSENAUSSTERBEN
Massenaussterben sind Ereignisse in der Erdgeschichte, in deren Verlauf es zu extremen Aussterberaten innerhalb von Tiergruppen kommt. Paläontologen kennen fünf große Aussterbe-Ereignisse der Erdgeschichte. Bei dem größten von allen, dem Perm-Trias-Ereignis vor 250 Mio. Jahren, starben fast 95 % aller Arten aus – eine an Arten verarmte Welt war das Ergebnis. Massenaussterben wurden durch große Meteoriteneinschläge oder gewaltige Vulkaneruptionen ausgelöst.

DIE KURVE DES LEBENS
Der Verlauf dieser Kurve verdeutlicht das Auf und Ab der Entstehung der Arten im Lauf der Erdgeschichte. Perioden der Artenzunahme wechseln mit solchen der Artenabnahme, die stets schneller verliefen. Aus den fossilen Überlieferungen lesen die Forscher den Verlauf der Evolution ab. Der Amerikaner Jack Sepkoski (1948–1999) untersuchte Tausende von Fossilien, um Vielfalt und Variation von Gattungen und Arten über die Zeit zu messen.

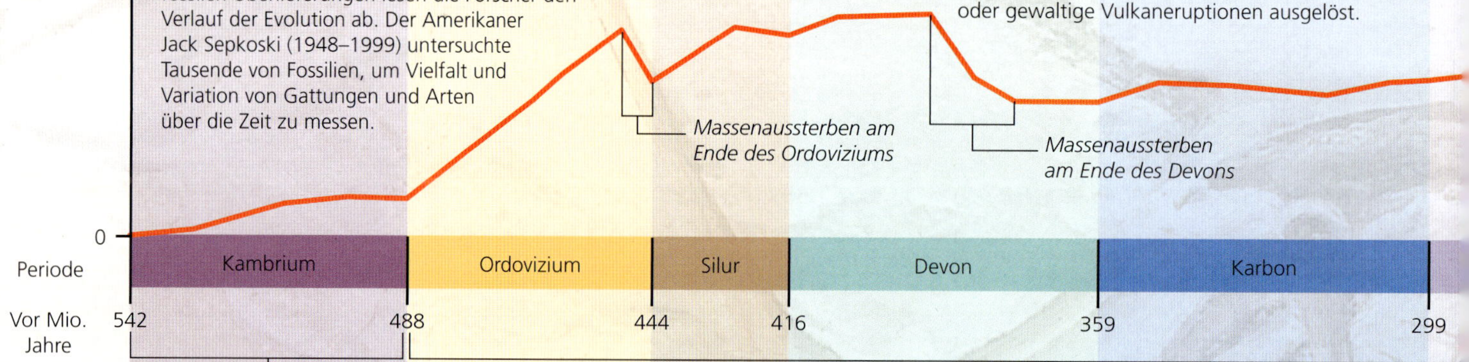

ERSTE TIERE
Sepkoski unterteilte die Tierwelt in drei große Gruppen („Faunen"), die zu verschiedenen Zeiten lebten. Die erste davon, die Kambrische Fauna, umfasst meist kleine, Gehäuse tragende Tiere unbekannter Identität sowie Mollusken und Arthropoden.

Opabinia, ein geheimnisvolles Meerestier, das im Kambrium lebte

LEBEN IN URZEITEN
Die nächste größere Tiergruppe (Paläozoische Fauna) wurde von Wirbellosen (Invertebraten) wie Trilobiten, Crinoiden und Brachiopoden beherrscht. Brachiopoden mit ungleichen Klappen dominierten, nicht die Muscheln, die bis heute überlebten. Viele paläozoischen Gruppen starben am Ende des Perms aus. Brachiopoden und Crinoiden überlebten, während die einst verbreiteten Trilobiten komplett ausstarben.

Fossiles Gehäuse des Brachiopoden *Cyclothyris difformis*

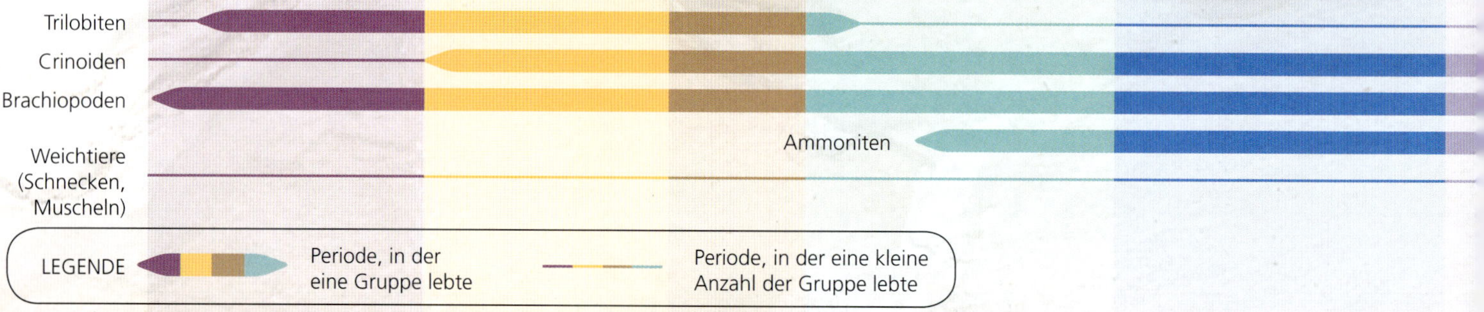

AUFSTIEG DER DINOSAURIER

Der Aufstieg der Dinosaurier am Beginn des Mesozoikums war eines der einschneidensten Ereignisse in der Evolutionsgeschichte der Wirbeltiere. Genau genommen stammen die ältesten Dinosaurierfossilien aus der Mittleren Trias vor etwa 240 Mio. Jahren. Die folgenden 50 Mio. Jahre nahm ihre Artenzahl zu, ihr Artenspektrum fächerte sich auf. Sie wurden größer und beherrschten schließlich in Jura und Kreide das Tierreich.

Eoraptor, ein zweibeiniger Dinosaurier

Mumifiziertes Mammut

MASSENAUSSTERBEN DER GEGENWART?

In der letzten Eiszeit hatten Menschen wahrscheinlich eine Mitschuld am Aussterben des Mammuts. Durch ihre Dominanz und Lebensweise sind seither viele weitere Arten ausgestorben, und es ist zu befürchten, dass noch viele folgen werden. Damit ähnelt das gegenwärtige Massenaussterben jenen der Vergangenheit. Wissenschaftler meinen, dass wir uns inmitten des sechsten Massenaussterbens befinden.

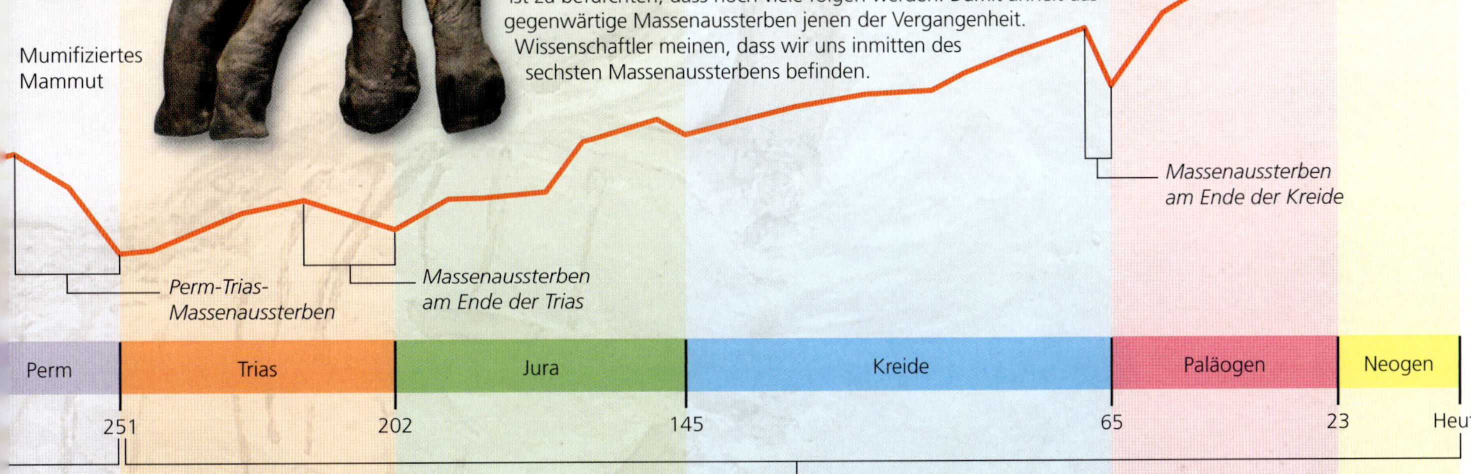

Fossile Crinoiden

Fossiler Steinkern eines Trilobiten

MODERNE FAUNA

Nach dem Perm-Trias-Massenaussterben wurde eine neue Organismengruppe vorherrschend, die sogenannte Moderne Fauna. Der Begriff „modern“ scheint nicht recht angemessen für eine Gruppe, die bereits vor 250 Mio. Jahren die Bühne betrat. Der Grund ist, dass sie viele Tiere beinhaltet, die bis in die Gegenwart als „Durchläufer“ existieren, wie z. B. Haie, Muscheln und Meeresschnecken. Auch gehören solche Tiere wie die Dinosaurier dazu, obwohl sie längst ausgestorben sind.

Fossiler Haizahn

Daumenklaue von *Baryonyx*, ein Dinosaurier

Gehäuse einer Meeresschnecke

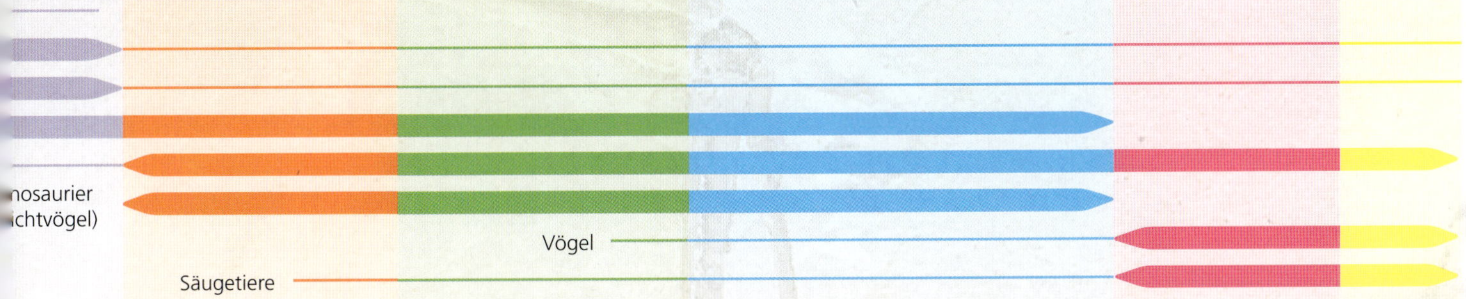

Erdgeschichte

Kaum ein Merkmal des Planeten Erde ist unverrückbar – Kontinente wandern und zerbrechen, Gebirgsketten erheben sich, verwittern und zerfallen wieder, Gletscher rücken vor und ziehen sich zurück, Meeresspiegel steigen und fallen. Wandernde Erdteile und sich wandelndes Klima üben einen starken Einfluss auf die Evolution und Verteilung der Lebewesen aus. Beide, Evolution und der Wandel der Erdoberfläche, hängen auf faszinierende Weise zusammen.

LEGENDE

Alte Landmasse

Junge Landmasse

Urkontinente

ZEITEN IM WANDEL
Das Zeitalter des Kambriums unterlag raschem Wandel. Die bestehende Landmasse zerfiel in drei Teile – Laurentia, Baltica und Sibiria, die sich im Lauf des Kambriums zu Großinseln entwickelten, während sich im Süden Gondwana herausbildete. In dieser Zeit existierte kein Leben an Land, im Meer hingegen setzte es explosionsartig ein. Viele Urahnen der Wirbellosen (Invertebraten) entstanden damals.

FRÜHER JÄGER
Dieses krabbenartige Wesen war einer der größten Räuber in den kambrischen Meeren. *Anomalocaris*-Fossilien werden im Burgess-Schiefer häufig gefunden. Seine Komplexaugen lassen vermuten, dass der Räuber gut sehen konnte.

Anomalocaris

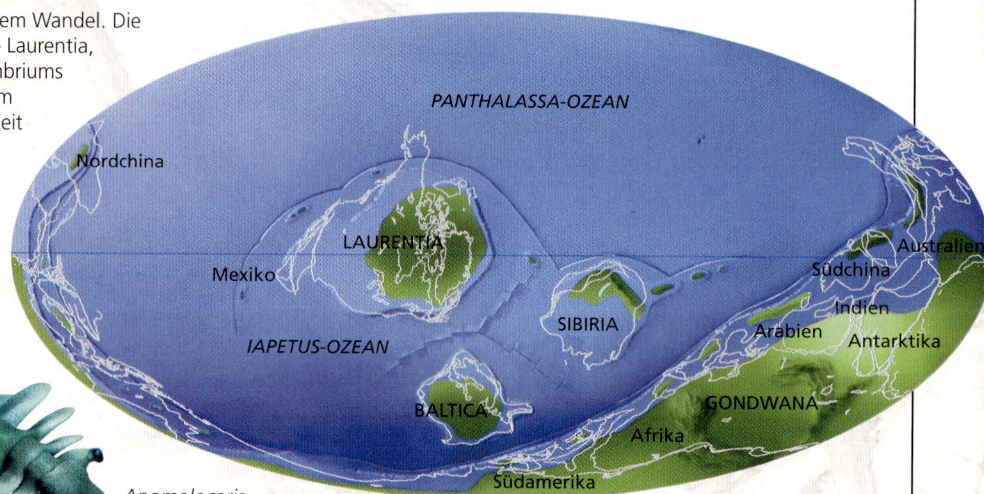

Die Erde im Oberkambrium (vor 514 Mio. Jahren)

Pangäa

Die Erde in der Untertrias (vor 237 Mio. Jahren)

SUPERKONTINENT
Über Hunderte von Millionen Jahren des Paläozoikums verschmolzen sämtliche Landmassen zu einem Superkontinent – zu Pangäa. Diese gigantische Landmasse, umgeben von dem Riesenozean Panthalassa, überdauerte Perm und Trias. Im Landesinneren herrschte ein Wüstenklima, an den Rändern feuchtwarme Einflüsse, im Süden Vergletscherungen.

WÜSTENBEWOHNER
Diese räuberische Echse mit Rückensegel war ein gefürchteter Jäger des Perms. Sie lebte in den heißen Trockengebieten Pangäas.

Dimetrodon

Pangäa zerbricht

NEUE WELT
Während der Trias begann Pangäa, sich zu teilen. Im Jura wurde der Bruch so groß, dass zwischen Nordamerika, Europa und Afrika ein neuer junger Ozean sich öffnete, der Atlantik. Die Karte zeigt den Stand vom Oberjura (vor 152 Mio. Jahren). Die Südkontinente waren hingegen in Gestalt von Gondwana noch vereint. Dinosaurier beherrschten die Welt.

SCHNELLE BEINE
Der Raubsaurier *Monolophosaurus* war einer der größten Räuber des Mittleren Juras. Der Theropode war überaus wendig und zeichnete sich durch seinen sehr auffälligen Stirnkamm aus.

Monolophosaurus

Die Drift geht weiter

DER BRUCH SETZT SICH FORT
Während der Kreide brachen auch die Südkontinente Afrika, Australien, Indien, Südamerika und Antarktika auseinander. Auch Nordamerika wurde in Nord-Süd-Richtung von einem Meeresarm geteilt, wie die Karte aus der Oberkreide (vor 94 Mio. Jahren) zeigt. Tiergruppen, die sich früher über alle Landmassen verteilt hatten, wurden getrennt, was zur Bildung völlig neuer Arten führte.

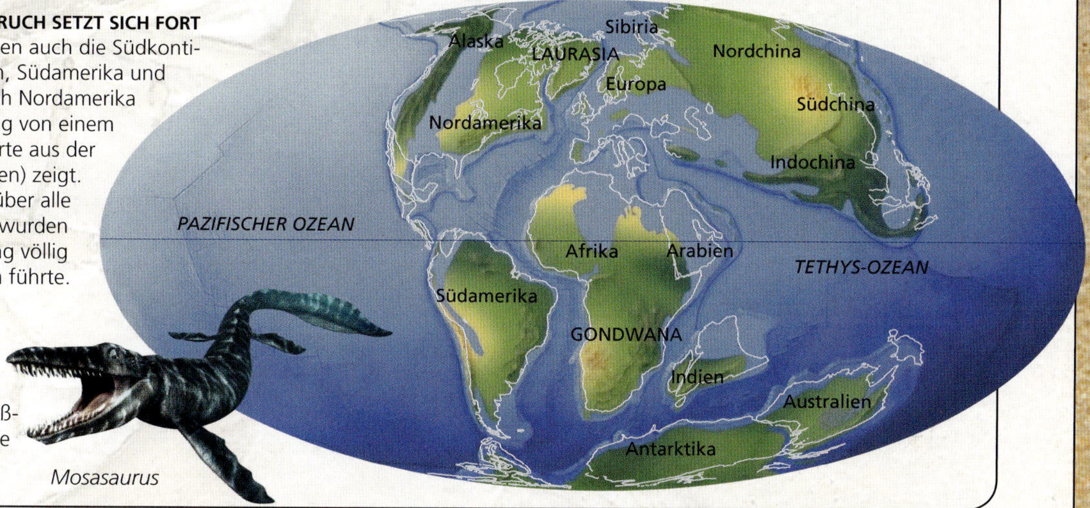

MEERESRÄUBER
Die Kreide war eine feucht-warme Klimaperiode mit sehr hohen Meeresspiegelständen. Großreptilien wie *Mosasaurus* waren die dominierenden Meeresraubtiere.

Mosasaurus

Die moderne Welt

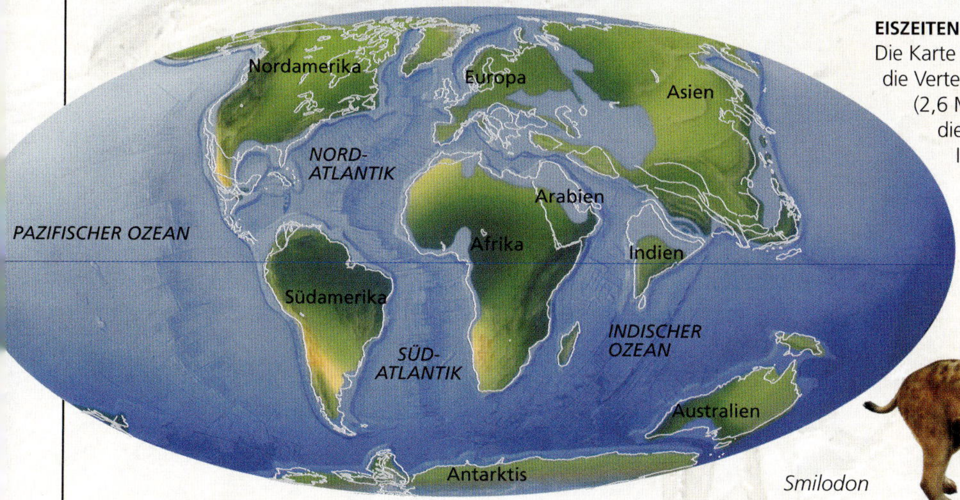

EISZEITEN
Die Karte zeigt das Paläogen (vor 50 Mio. Jahren) und die Verteilung der Kontinente. Während des Pleistozäns (2,6 Mio. Jahre bis 10000 vor heute) rückten sie an die heutige Stelle. Es herrschte Eiszeit und große Inlandgletscher bedeckten die Polargebiete und große Teile der Nordhalbkugel. Mehrmals stießen die Gletscher vor und schmolzen wieder ab. Auch der Alpenraum war vereist und die Gletscher reichten bis kurz vor München.

TIERE DER EISZEIT
Säbelzahnkatzen wie *Smilodon*, langhaarige Mammuts und Riesenfaultiere waren Teil der Eiszeitfauna.

Smilodon

Glossar

Künstlerische Darstellung eines Meteoriteneinschlags

AMINOSÄURE Grundbaustein von Proteinen (Eiweiß). Es gibt 22 verschiedene Aminosäuren.

AMMONITEN Kopffüßer mit spiraligem, gekammertem Gehäuse, schwammen in mesozoischen Meeren.

AMNIOTISCHES EI Ei mit äußerer, wasserundurchlässiger Hülle. Es enthält neben dem Embryo eine Nährflüssigkeit, die es ihm erlaubt, auch außerhalb des Wassers heranzureifen.

AMPHIBIEN Wechselwarme Tiere, deren Jungtiere im Wasser leben und mit Kiemen atmen, als Alttiere jedoch Lungen haben und an Land leben.

ÄRA Langwährende Einheit auf der geologischen Zeittafel, fasst mehrere Perioden zusammen; Beispiel: Mesozoikum.

ARCHOSAURIER An Land lebende Wirbeltiere mit einem Schädelfenster (Antorbitalfenster) vor den Augenhöhlen. Sie entwickelten sich vor 250 Mio. Jahren und umfassten Dinosaurier, Vögel und Krokodile.

Der Dinosaurier *Pachycephalosaurus*

ART Tiere und Pflanzen einer Art sehen sich meist sehr ähnlich und können sich miteinander fortpflanzen. Im Stammbaum des Lebens bilden mehrere Arten eine Gattung.

ARTHROPODEN (GLIEDERFÜSSER) Wirbellose Tiere mit Außenskelett (Exoskelett), Gliederbeinen und einem gegliederten Körper. Insekten, Krebse und Spinnen sind lebende Beispiele.

AUSSTERBEN Das Verschwinden einer Pflanzen- oder Tierart. *Siehe auch* Massenaussterben

BEUTELTIERE Gruppe der Säugetiere, die ihre Jungen in lebensunfähigem Zustand gebären und die deshalb in einer Hautfalte (Beutel) aufwachsen.

BRACHIOPODEN Meereswirbeltier mit zweiklappiger Schale, beide Klappen sind achsensymmetrisch – anders als bei Muscheln. Sie gibt es seit dem Kambrium, waren im Paläozoikum zahlreich und sind heute selten.

CEPHALOPODEN Meeresweichtiere (Mollusken) mit großen Augen, Innen- oder Außenskelett sowie Tentakel am Kopfansatz. Oktopus und Tintenfisch sind lebende Beispiele.

CRINOIDEN (SEELILIEN) Primitive Stachelhäuter mit Tentakeln und Stiel.

CRO-MAGNON Die Bezeichnung für eine frühe Gruppe des Homo sapiens, die in der Steinzeit in Europa lebte und bemerkenswerte Höhlenmalereien schuf.

DINOSAURIER Pflanzen- und fleischfressende Reptiliengruppe zur Zeit des Mesozoikums. Typisch für sie sind der Aufbau des Beckens sowie die senkrechte Stellung der Hinterbeine. Einige Dinosaurier sind die Vorläufer der Vögel.

EISZEIT Extrem kalte Periode der Erdgeschichte, während der die Eiskappen an den Polen viel größer waren als heute.

EPOCHE Kurzwährende Einheit auf der geologischen Zeittafel und gleichzeitig Untereinheit einer Periode; Beispiel: Pliozän.

EURYPTERIDEN Große räuberische Arthropoden (Gliederfüßer), auch „Seeskorpione" genannt, die im Paläozoikum lebten. Es sind aber keine echten Skorpione.

EVOLUTION Prozess, während dem sich Lebewesen im Lauf der Zeit so verändern, dass neue Arten entstehen können.

FOSSILIEN Versteinerte Reste von Lebewesen, meist Zähne, Knochen, Gehäuse, aber auch Fuß- oder Körperabdrücke.

GATTUNG Gruppe miteinander verwandter Arten. Während verwandte Arten zu einer Gattung zusammengefasst werden, bilden mehrere Gattungen eine Familie.

GEOLOGE Wissenschaftler, der sich mit der Entstehung, dem Aufbau und der Zusammensetzung der Gesteine beschäftigt und diese Erkenntnisse auf die Entstehung, den Aufbau und die dynamischen Prozesse der Erde anwendet.

GREIFORGAN Vor allem bei Primaten besonders ausgebildete Hände und Füße zum Greifen von Gegenständen. Auch der Greifschwanz mancher Affen zählt dazu.

HABITAT Lebensraum; Gebiet, das von einer Pflanzen- oder Tierart bevorzugt bewohnt wird. Wichtige Merkmale dafür sind Klima, Relief, Umgebung (Wasser, Land), Bewuchs.

HERBIVOREN Pflanzenfressende Tiere mit speziellen Verdauungsorganen.

HOMINIDEN Mitglieder in der Familie der Primaten („Herrentier"), zu denen die Menschen, Schimpansen, Gorillas und Orang-Utans gehören.

HOMO Untergruppe der Hominiden, gebildet aus der Art *Homo sapiens* und einigen ausgestorbenen Spezies (z. B. Neandertaler). Kennzeichen sind lange Beine und großes Gehirn.

INVERTEBRATEN (WIRBELLOSE) Tiere ohne Wirbelsäule wie Insekten, Muscheln, Brachiopoden (Armfüßer) oder Quallen.

Gepanzerter Tausendfüßer, ein Invertebrate (Wirbellose)

KAMBRISCHE EXPLOSION Explosionsartige Entwicklung neuer Tiergruppen vor 530 Mio. Jahren, zur Zeit des Kambriums.

KARNIVOREN Fleischfresser, ausgestattet mit scharfen Klauen und Zähnen zum Ergreifen und Zerteilen des Beutetiers.

KLIMA Das durchschnittliche Wetter in einer Region über einen langen Zeitraum.

LEITFOSSIL Fossil, das für eine bestimmte Zeitspanne der Erdgeschichte typisch ist und mit dem man deshalb das Alter von Gesteinen bestimmen kann.

MAMMUT Elefantenart des Pliozäns und Pleistozäns mit langen Elfenbeinstoßzähnen. Während der Eiszeiten wuchs manchen Mammuts ein langes Fell gegen die Dauerkälte.

MASSENAUSSTERBEN Relativ schneller Prozess, während dem eine sehr große Anzahl, z. B. über die Hälfte an Arten zugrunde geht. Man nimmt an, dass Massenaussterben durch „höhere Gewalt“, wie etwa gewaltige Vulkanausbrüche oder den Einschlag eines großen Meteoriten, ausgelöst werden.

MESOZOIKUM Ära auf der geologischen Zeittafel im Zeitraum von 250–65 Mio. Jahren, auch das „Zeitalter der Dinosaurier“ genannt.

METEORIT Milli- bis kilometergroßer Himmelskörper im Sonnensystem, der die Erde trifft. Während kleine erhalten bleiben, zerbrechen oder explodieren die größeren. Ein sehr großer hat vermutlich vor 65 Mio. Jahren das Aussterben der Dinosaurier bewirkt.

MOLLUSKEN (WEICHTIERE) Wirbellose Tiere ohne Körperglieder.

Paläontologen bei der Arbeit

NEANDERTALER Ausgestorbene *Homo*-Art und verwandt mit *Homo sapiens*, lebte während der Eiszeit. Ihr Körper war kleiner und gedrungener als der des Menschen.

ORNITHISCHIER Vogelbeckensaurier, Untergruppe der Dinosaurier, deren Beckenknochen große Ähnlichkeit mit denen der Vögel hatte. Ihr Schambein wies nach hinten; Beispiel: *Stegosaurus*.

PALÄONTOLOGE Geowissenschaftler, der Lebewesen der geologischen Vorzeit anhand ihrer fossilen Reste untersucht, um ihren Körperbau, ihre Lebensweise und ihre Evolution zu studieren.

PALÄOZOIKUM Ära auf der geologischen Zeittafel im Zeitraum von 542–250 Mio. Jahren, in der sich die meisten der großen Tier- und Pflanzengruppen entwickelt haben.

PERIODE Einheit auf der geologischen Zeittafel, die kürzer ist als eine Ära, aber länger als eine Epoche; Beispiel: die Kreide.

PLESIOSAURIER Während des Mesozoikums lebendes Meeresreptil mit langem Hals und vier Schwimmfüßen für schnelles Schwimmen.

PRIMATEN Untergruppe der Säugetiere mit Affen, Menschenaffen und Menschen. Typisch sind Greifhände und -füße sowie frontal ausgerichtete Augenpaare.

Pterosaurier

PTEROSAURIER Flugfähige Saurier des Mesozoikums, deren Flughäute von einem riesigen Finger aufgespannt wurden.

QUASTENFLOSSER Fische mit lappenartigen Flossen, die an Tetrapodenbeine erinnern. Galten als ausgestorben, bis sie 1938 vor Südafrika wiederentdeckt wurden.

REPTILIEN Tiergruppe, deren Mitglieder eine Schuppenhaut tragen, wechselwarm sind und Eier legen, um sich zu vermehren.

SÄUGETIERE Tiere mit gleichwarmem Blut, meist fellbedeckt. Die Weibchen nähren die Jungen mit Milch aus Brustdrüsen.

SAURISCHIER Echsenbeckensaurier, Untergruppe der Dinosaurier, deren Schambein nach vorn wies; Beispiel: *Tyrannosaurus rex.*

SAUROPODEN Untergruppe der Saurischier mit langem Hals, kleinem Kopf, riesigem Körper und säulenartigen Beinen. Sauropoden waren die mit Abstand größten Tiere, die je auf Erden lebten.

STROMATOLITHEN Knolliges Gebilde aus fein geschichtetem Kalkstein mit eingelagerten Sedimenten, das von Cyanobakterien ausgeschieden wurde.

SUMPF Teilweise überflutetes Gebiet, in dem sich mächtige Pflanzenreste ansammeln, aus denen sich in Millionen Jahren durch Druck und Hitze Kohle bildet.

TAXONOM Wissenschaftler, der versucht, die Verwandtschaftsverhältnisse von Organismen in ein geordnetes System zu bringen.

TETRAPODEN Große Untergruppe der Wirbeltiere mit Armen und Fingern, Beinen und Zehen. Diese Landwirbeltiere umfassen Säugetiere, Vögel, Reptilien und Amphibien.

TRILOBITEN Große ausgestorbene Untergruppe der Arthropoden, die während des Paläozoikums lebte. Wurden Opfer des Massenaussterbens an der Perm-Trias-Grenze.

VARIATION Natürliche Unterschiede innerhalb einer Art bei Merkmalen, die vererbt werden (z. B. Farbe, Muster).

VERTEBRATEN (WIRBELTIERE) Tiere mit Wirbelsäule, z. B. Fische, Frösche, Säugetiere und auch der Mensch.

Trilobit-Fossil

VÖGEL Wirbeltiere mit Federn, Gabelbein und einem internen Luftsacksystem, das mit den Lungen verbunden ist. Die meisten haben Flügel und können fliegen. Die Vögel entwickelten sich aus Dinosauriern im Lauf des Mesozoikums.

VULKAN Austrittstelle von Magma aus der Erdkruste, kann schlot- oder spaltförmig sein.

WALE Eine Ordnung der Säugetiere, deren Mitglieder, ähnlich wie Fische, im Wasser leben, Luft mit Lungen atmen, gleichwarm sind und Flossen haben.

Vulkan

Register

Dank und Bildnachweis

Dorling Kindersley dankt den Kuratoren des National Museum of Scotland, Dr. Tim Smithson und Dr. Michael Coates (Universität Cambridge) für ihre Beratung bei Herstellung des Modells von Westlothiana. Für Recherche und Fotografie: Dr. Ian Rolfe, Dr. Bobbie Paton, Bill Baird, Bob Reekie und Dr. Sheila Brock, National Museums of Scotland; Dr. Neil Clark, Hunterian Museum; Dr. Ken Joysey, Dr. M. Coates, Dr. Jenny Clack, Ray Symonds und Sarah Finney, Zoology Museum; Dr. Robin Cocks, Dr. Jerry Hooker, Sandra Chapman, Andy Currant, Valerie Harris, Peter Whybrow, Robert Kruszynski, Ann Lum, Helen Santler und Tim Parmenter, Natural History Museum; Dr. David Norman, Dr. Simon Conway Morris, Dr. Barry Rickards, Mike Dorling, Rod Long und Margaret Johnston, Sedgwick Museum; Alastair Gunning und Patricia Bascombe, Glasgow Museum Services; P. Chadwick, A. Crawford, J. Downs, L. Gardiner, S. Gorton, C. Keates, D. King, M. Long und A. Neimenn für die zusätzlichen Fotos. Für die freundliche Genehmigung zu fotografieren: *Acanthostega* und *Ichthyostega*, Geological Museum, Universität Copenhagen, Dänemark; *Sinokannemeyeria*, Paul Howard, Yorkshire Museum und Ian O'Riordan, Edinburgh City Art Centre; *Skakoper cryptozoan*, Universität Leicester, Institut für Geologie; Modell des Wollmammuts, Royal British Columbia Museum, Victoria, Kanada. Für die Gestaltung und Redaktionsassistenz: Manisha Patel, Sharon Spencer, Helena Spiteri und Scott Steedman. Für die Modelle: John Holmes; für die Illustrationen Simone End, William Lindsay und John Woodcock; für das Register Helen Peters.

Der Verlag dankt folgenden Personen und Institutionen für die freundliche Genehmigung zum Abdruck von Fotos:

(Abkürzungen: o = oben, go = ganz oben, u = unten, m = Mitte, l = links, gl = ganz links, r = rechts, gr = ganz rechts, Hg = Hintergrund)

Bayerische Staatssammlung fur Paläontologie und Historische Geologie, München 41gor, 41ur. Bettmann Archive 13gol, 14ml. Biofotos/Stames Summerhays 52m. Dr. Neil Clark 18ml, 21ul. Cleveland Museum of Natural History, Ohio 21gol. Dr. Michael Coates 25gor. Bruce Coleman Ltd. 12gol, 17mr; H. Reinhard 22gom; Jane Burton 28gol, 43mr; V. Serventy 50ur; John Canoclosi 62m. Mit frdl. Genehmigung von W. W. Norton & Co. Ltd. und Marianne Collins 14gor, 15gol. Simon Conway Morris 6m, 12m, 12um, 12mr, 14mr, 14um, 15gor, 15m, 15ml, 15um. Corbis: Louie Psihoyos/Science Faction 71ml. Dorling Kindersley: Natural History Museum, London 66ugr; Sedgwick Museum of Geology, Cambridge 67ul; Weymouth Sea Life Centre 64m, 64mru. © Crown copyright 62gor. Mary Evans Picture Library 20gol, 53gom, 59ur. FLPA/S Johnson 10gor, 44gor. Geological Society 38gol. Geological Survey of Greenland, Copenhagen: A. A. Garde 11ur. Glasgow Museums 26–27u. Robert Harding Picture Library 10m. Dr. Gillian King, South African Museum: C. Booth 30ul; R. M. H. Smith 31mr. Paul McCready, AeroVironment Inc. 40ml. © Trustees of the National Museums of Scotland 1994 22gol, 22um. The Natural History Museum, London 8ur, 13ul, 22gor, 30um, 31m, 40gor, 43gor, 44ur, 45gol, 46m, 47mr, 49gor, 50gor, 51gor, 57m, 58gol, 59gom. Novosti Photo Library 58um. Oxford Scientific Films 52ul. Planet Earth Pictures/Peter Scooner 19gom. Science Photo Library 18gol; Ludek Pasek 24gol, 27gol; Martin Dohrn 41mr; John Reader 55gor, 55ur, 56gol; Roger Ressmeyer Starlight 60ml; Prof. Walter Alvarez 60um; NASA 61gol; US Navy 61gom; David A. Hardy 61gor. Forschungsinstitut und Naturmuseum Senckenberg, Frankfurt 44–45m. Paul C. Sereno 32gor. Wojciech Skarzynski 33ur. Sternberg Museum, Hays, Kansas 20ur, 21mr. Texas Memorial Museum, The University of Texas in Austin, mit frdl. Genehmigung von Prof. Wann Langston jr. 40–41um. Dr. P. Wellnhofer 40ml, 40ul, 42ul, 43m. Dr. R. T. Wells, Flinders University, Fotograf F. Coffa 50ml.

Poster: Corbis: Bettmann mogl; Dorling Kindersley: den Kuratoren des National Museums of Scotland ugl, mlu, mu, mgl (Seelilie), Hunterian Museum (University Glasgow) mugl, mugr, Natural History Museum, London ul, ugr, mru, mgr, mgr (Hipparion), mogr, Royal British Columbia Museum, Victoria, Canada m, Sedgwick Museum of Geology, Cambridge gogl/(Trilobit).

Cover: *Vorn:* Alamy Images: Richard Wong u. Dorling Kindersley: Hunterian Museum (University of Glasgow) mro; Natural History Museum, London mogr; Natural History Museum, London – model maker gor. *Hinten:* Dorling Kindersley: Hunterian Museum (University of Glasgow) m; Natural History Museum, London mor; Royal Museum of Scotland, Edinburgh mlu; University Museum of Zoology, Cambridge gol.

Weitere Themen in dieser Reihe:
(Bandnummer in Klammern)

Das alte Ägypten (8)
Das alte Griechenland (21)
Das alte Rom (38)
Arktis & Antarktis (67)
Autos (25)
Azteken, Inka & Maya (28)
Bedrohte Tiere (5)
Burgen (24)
Christentum (34)
Computer (51)
Demokratie (30)
Deutschland (63)
Dinosaurier (1)
Edelsteine & Kristalle (62)
Eisenbahnen (19)
Der Erste Weltkrieg (68)
Die ersten Menschen (26)
Evolution (50)
Fahrzeuge & Transport (65)
Fische (13)
Flugmaschinen (41)
Fossilien (47)
Fußball (53)
Geld (59)
Gesteine & Mineralien (17)
Große Entdecker (12)
Große Musiker (42)
Große Wissenschaftler (33)
Haie (10)
Hunde (39)
Indianer (18)
Insekten (35)
Islam (56)
Katzen (23)
Klimawandel (11)
Kriminalistik (44)
Der Mensch (2)
Das moderne China (58)
Mond (57)
Musikinstrumente (14)
Mythologie (31)
Naturwissenschaften (7)
Ozeane (32)
Pferde (43)
Pflanzen (48)
Piraten (36)
Pyramiden (60)
Raubtiere (52)
Regenwald (20)
Ritter (16)
Säugetiere (45)
Schätze (6)
Spione (9)
Städte (3)
Strand & Meeresküste (55)
Teiche & Flüsse (27)
Tiere (64)
Titanic (22)
Urzeit (66)
Vögel (29)
Vulkane (37)
Waffen & Rüstungen (61)
Wasser (40)
Weltall (15)
Wetter (46)
Wikinger (49)
Wirtschaft (4)
Der Zweite Weltkrieg (54)